观赏海棠

何梅　郑育桃　胡玉安◎主编

中国林业出版社

图书在版编目（CIP）数据

观赏海棠 / 何梅，郑育桃，胡玉安主编. -- 北京：
中国林业出版社，2023.12

ISBN 978-7-5219-2492-3

Ⅰ.①观⋯　Ⅱ.①何⋯　②郑⋯　③胡⋯　Ⅲ.①海棠–
果树园艺　Ⅳ.①S661.4

中国国家版本馆CIP数据核字（2024）第007521号

绘　　图：张　静
责任编辑：刘香瑞
排版设计：北京五色空间文化传播有限公司

出版发行：中国林业出版社
　　　　　（100009，北京市西城区刘海胡同 7 号，电话 010-83143545 ）
电子邮箱：36132881@qq.com
网　　址：www.forestry.gov.cn/lycb.html
印　　刷：河北京平诚乾印刷有限公司
版　　次：2023 年 12 月第 1 版
印　　次：2023 年 12 月第 1 次印刷
开　　本：880mm×1230mm
印　　张：7.25
字　　数：201千字
定　　价：80.00元

本书编写组

主　编　何　梅　郑育桃　胡玉安

副主编　季晓钒　何　岩　高　伟　符　潮　文　野
　　　　　　何晨斯

著　者（按姓氏拼音排序）

　　　　　符　潮　高　伟　桂丽静　何　梅　何　岩

　　　　　何晨斯　胡玉安　季　巍　季晓钒　李　田

　　　　　刘　胜　马莉燕　梅雅茹　邱凤英　任　琼

　　　　　盛亚晶　唐忠炳　王　华　王　莉　魏俊波

　　　　　文　野　谢阳志　杨　军　曾文昌　张文晶

　　　　　赵　攀　郑育桃　朱仔伟

前　言

　　海棠花姿潇洒，花开似锦，自古以来是雅俗共赏的名花，素有"花中神仙""花贵妃""花尊贵"之称，在皇家园林中常与玉兰、牡丹、桂花相配植，形成"玉棠富贵"的意境，是打造现代绿化彩化景观不可多得的好材料。同时，海棠与牡丹、梅花、兰花并称为"春花四绝"，并享有"国艳""国花""国香"等美誉。

　　近年来，随着欧美观赏海棠的引进示范以及我国观赏海棠的筛选育种，越来越多的观赏海棠优良品种得到了社会的认可。由于观赏海棠原种多来自亚洲，且具有很强的适应性和抗性，因此观赏海棠在我国的大部分地区均可正常生长，被广泛应用于绿化美化工程，其市场容量极大，产业化发展前景广阔。

　　本书立足于著者在江西省林业科学院多年的研究成果，在实地调查、观测及数据整理的基础上，对80种常见优良观赏海棠进行品种分类并详细描述其特征。本书为读者展现了观赏海棠概况、品

种分类和园林应用，可为观赏海棠科研工作者、花卉生产者及个人爱好者提供借鉴和参考。

本书所涉及的观赏海棠指蔷薇科苹果属海棠，而非蔷薇科木瓜属海棠（如贴梗海棠、木瓜海棠等），亦非秋海棠科秋海棠属海棠（如竹节海棠、四季海棠等）。

本著作撰写过程中得到江西省林业科学院杨杰芳院长、龚春副院长以及南京林业大学张往祥老师、谢寅峰老师的指导和帮助，在此致以诚挚的谢意。

由于水平所限，书中难免出现错误。如有不妥之处，望读者不吝指正。

本书编写组

2023 年 8 月

目　录

第三章　观赏海棠品种

第四章　观赏海棠园林应用

第一章

海棠概况

蔷薇科（Rosaceae）苹果属（*Malus*）植物在全球分布广泛，其原生于北半球的温带地区，在欧洲、亚洲及北美洲均有分布。苹果属植物种质资源丰富、种类多样、分布广泛，并具有极高的经济价值。海棠是苹果属中极为重要的植物。

第一节 海棠简介

海棠是苹果属中果实直径较小（<5cm）的一类植物的总称，为特产于我国的落叶花木，以花色娇艳而著称，自古以来备受青睐。春可赏其花，秋可观其果，且海棠对环境的适应性较强，栽培管理较为粗犷，是现代园林植物造景常用树种之一。中国海棠类植物的栽培历史久远，资源丰富，除比较著名的"海棠四品"（贴梗海棠、垂丝海棠、西府海棠和木瓜海棠），还有日本海棠、三叶海棠、变叶海棠等几十个种类。海棠表观可塑性很强，且品种间易于杂交，故品种数量很多。现代园林中应用的海棠多为人工繁育的一系列观叶、观花、观果栽培品种，包括多个种及种下变种，统称

为观赏海棠。

观赏海棠主要为乔木或灌木，通常不具刺，或少数具刺状短枝；单叶互生，叶片有齿或分裂，一般为卵圆形、卵形等；伞形花序或伞房花序，重瓣或单瓣（单瓣为主），花瓣椭圆形、卵圆形或近圆形；花瓣 5 或以上不等；花色有白色、粉色、紫红色等；部分具香味；雄蕊 10~50，一般为黄色花药及白色花丝；花柱 3~5，无毛或有毛；梨果，通常不具石细胞或少数种类有石细胞；萼片宿存或脱落。

观赏海棠因其品种较多、花色多样、花形多姿、叶色叶形丰富、观赏周期长和观赏特性突出等优点，具有较高的观赏价值、经济价值和生态价值，成为不可多得的集观花、观叶、观果为一体的观赏树种。观赏海棠也因其"春季观花、夏季观叶、秋季观果、冬季观枝"的特点成为目前城市"彩化"的优良苗木。海棠花姿潇洒，花开似锦，自古以来就是雅俗共赏的名花。海棠也素有"花中神仙""花贵妃""花尊贵"之称，在皇家园林中常与玉兰、牡丹、桂花相配植，形成"玉棠富贵"的意境。因此，观赏海棠成为打造现代园林景观不可多得的好材料。

同时，观赏海棠大多具有较强的适应性和抗性，在全球各地都有分布，并被广泛应用于园林的绿化美化工程。这些观赏海棠品种

不仅能够提供美丽的花朵、丰富多彩的叶片和美味的果实，还能够在各种气候和环境条件下生长茂盛，为园林景观带来色彩和生机。

观赏海棠的推广和应用，不仅丰富了园林植物资源，也提升了城市和乡村的生态环境，为人们带来愉悦体验的同时也为野生动物提供了栖息和觅食的场所。

总的来说，观赏海棠的多样性、景观性、生态性和适应性使其成为独特而受欢迎的观赏树种。

第二节　海棠的历史文化

海棠是一种具有悠久历史和丰富文化内涵的植物。它在中国文化中具有特殊的地位，被广泛引用和赞美。自古以来对于海棠花的记载和赞赏数不胜数。如：金代元好问的"枝间新绿一重重，小蕾深藏数点红。爱惜芳心莫轻吐，且教桃李闹春风"；宋代苏轼的"东风袅袅泛崇光，香雾空蒙月转廊。只恐夜深花睡去，故烧高烛照红妆"；宋代陈与义的"二月巴陵日日风，春寒未了怯园公。海棠不惜胭脂色，独立蒙蒙细雨中"。海棠在我国古代被统称为"柰（nài）"，唐朝时才出现"海棠"之名。宋代时期，海棠作为重要的观赏花卉之一，其地位日益突出，很多文人雅士及王公贵族栽种海棠以作观赏。明代王象晋在其所撰的《二如亭群芳谱》中称海棠有四品，即：西府海棠、垂丝海棠、木瓜海棠和贴梗海棠。王象晋在《群芳谱·花谱》中对海棠还有更为详细的描述："海棠盛于蜀，而秦中次之，其株翛然出尘，俯视众芳，有超群绝类之势，而其花甚

丰，其叶甚茂，其枝甚柔，望之绰约如处女，非若他花冶容不正者比，盖色之美者惟海棠，视之如浅绛外，英英数点如深胭脂，此诗家所以难为状也，以其有色无香……"古人在闲暇之余常赋诗作词来赞美海棠花，同时对海棠花也有专门的整理记录，如宋代沈立的《海棠记》和陈思的《海棠谱》。此外，《红楼梦》也多处提及海棠。海棠在中国传统文化中被视为高洁、坚贞和纯洁的象征。随着时代的变迁，人们也将自己的思想和情感与海棠之美融合在一起，并产生诸多文化艺术品，从而形成了独具一格的海棠文化。

第三节　海棠的演化及研究现状

18 世纪的植物学家菲利普·米勒（Philip Miller）在其著作《园艺辞典》（The Gardeners Dictionary）中将原本属于梨属（*Pyrus*）的苹果属（*Malus*）从中分离出来。米勒研究发现，苹果属和梨属在植物形态、果实特征和生态习性等方面存在着明显的差异。苹果

属植物的果实较小，通常为球形或扁球形，而梨属植物的果实则较大且常为椭圆形。此外，苹果属植物的花序和叶片形态也与梨属有所区别。米勒的这一分类处理不仅在植物学上有重要意义，还对果树栽培和分类学研究产生了深远的影响。

最早对苹果属进行属内分类的研究人员主要持有两种观点：一是以果萼是否宿存为依据将苹果属分为两个组，此观点首先由 Koehne 提出并发表，但由于此种分类违反了《国际植物命名法规》对于属内植物自动命名的规定，且无法合理解释部分种有的果期萼片脱落，有的果期萼片宿存这一现象，因此，这种分类系统实际上是不够完善的。二是以叶片分类状况作为依据进行苹果属内的分类，此类分类系统被较多国内外学者沿用和改进，如 Rehder（1951）、俞德浚等（1974）、Robinson（2001）、李育农（2001）等。此外，研究人员一直在寻求新的分类标准以求更加准确和系统地将苹果属内植物进行分类。特别是对于苹果属中作为观赏植物的海棠的分类，在实际生产应用、园林植物栽培应用、食用价值等各方面都有重要意义。

杨恭毅（1984）于《杨氏园艺植物大名典》中记载描述了白花重瓣海棠、红花湖北海棠、白花垂丝海棠及滇池海棠等种及品种。而后经郑万钧、俞德浚等学者的不断研究和汇总，得以让我们看到《中国植物志》第 36 卷苹果属植物的分类系统。其中，湖北海棠和垂丝海棠属于山荆子系、西府海棠属于苹果系，这两种系别均属于真正苹果组；其他的如三叶海棠、陇东海棠等均属于花楸苹果组。

　　海棠大多原产于中国。海棠新品种的产生途径除了自然选择后进行变异外，由于多数苹果属植物之间不存在种间生殖隔离，杂交育种成为培育海棠新栽培品种的重要方法。随着杂交育种技术的发展，国内外研究者选育出一系列具有较高经济价值的观赏品种。Dirr（1998）在《木本景观植物手册》（*Manual of Woody Landscape Plants*）中描述了美国栽培的 211 个海棠品种，为人们了解海棠的栽培特性和应用选择提供了有价值的参考。1996 年的《园艺植物百科全书》中记载了苹果属具观赏价值的 58 个新品种；《世界园林

乔灌木》（艾尼·瓦逊，2004）中记载观赏海棠品种40个；《世界园林植物与花卉百科全书》（克里斯托弗·布里克尔，2005中记载了海棠的47个种及品种；《山东海棠品种分类与资源利用研究》（陈恒新，2007）记载山东海棠品种38个；《河南观赏海棠品种分类研究》（楚爱香，2009）记载了观赏海棠品种137个（其中观花品种66个，观果品种52个，引进品种19个），并编制了品种分类检索表，命名了82个新品种（其中观花品种40个，观果品种42个），整理归并了16个品种名称；等等。这些记录提供了关于苹果属植物观赏性的更多信息，丰富了人们对于苹果属的了解。此外，Rudikovskii（2014）等通过形态学特征的对比分析及ITS-1序列的确认，认为海棠的矮型是由高型演化而来。Yee等（2013）通过食果虫蛹的变化状态分析研究了几种海棠的果实甜度和成分，发现不同品种的海棠果实甜度和虫蛹数量之间存在相关性。

现今观赏海棠品种在花色、花型、花序、叶色、叶型、树型、果实等性状上均已与原始的野生种有相当大的区别：花型花色由野生型的单瓣白色、粉色到现在的紫色、重瓣等类型，树型从小乔木、短枝型到灌木、垂枝型等，叶色从绿色到红紫色、棕红色等的变异。很多杂交或者变异产生的新品种，因其美观、外形易塑造、适应性强等特点，具有很高的经济价值和园林应用价值。

第四节 海棠的品种分类

海棠主要有野生型和栽培型之分。栽培品种一般都是在野生型的基础上人为干预进行杂交选育或者自然选择产生的具有观叶、观花或者观果价值的品种。栽培品种可根据品种特性和使用目的进行科学分类。野生型的系统分类主要是要反映在自然条件下的演变发展趋势。

目前，对于海棠品种的分类，是按照最新的《国际栽培植物命名法规》（ICNCP），在明确品种所属的"种系"（品种种系）的前

提下，栽培植物的种下分类等级和单位可分为品种群（group）①、品种（cultivar）和嫁接嵌合体（graft-chimaeras）三个。根据海棠品种调查结果，在海棠的品种中没有发现明确嫁接嵌合体。

从国外引进的海棠品种由于大多数是人为选育或自然杂交起源的，所以对于其种系、种源难以确定，一般将所有国外的品种划分为引进品种系统，如陈恒新（2007）及楚爱香（2009）对于国外引进品种的分类。

骆菁菁等（2012）基于野外调查，对北京地区海棠品种进行系统的调查和分类，共记载21个北美引进品种、3个国内栽培种以及1个国内野生种。选取了20个性状，以数量分类学的方法利用DPS软件进行了聚类分析，并制定了北京地区观赏海棠品种资源分类检索表。根据《国际栽培植物命名法规》（ICNCP）将25个海棠品种分为红色重瓣品种群、粉色重瓣品种群、深色单瓣品种群、浅色单瓣品种群4个品种群。海棠品种间欧氏距离为2.78~9.67，所有25个品种都能区别开，与形态分类结果基本一致。该框架既体现了二元分类法的内涵，又符合国际法规的形式。

---

① 两个相似或多个已命名的品种集合被称为品种群。

第二章

观赏海棠品种分类

早在 1968 年，国外学者 Huckins 根据花序类型将海棠分为伞形花序和伞房花序两类，将花型（单瓣和重瓣）作为二级分类标准，将花色作为三级分类标准。根据萼片的宿存与否对果实进行首次划分，把果实的颜色作为二级分类指标。但此分类方法没有建立在品种群的基础上，相对比较凌乱。

陈恒新（2007）在对山东北美观海棠品种分类研究中，依据花型和花色将其分为三大品种群：重瓣品种群、红花单瓣品种群、白花单瓣种群，并初步建立了一个较为实用，又能在一定程度上反映其亲缘演化关系的品种分类系统。楚爱香（2009）在对海棠形态特征研究的基础上，探讨了形态演化和变异的一般规律，制定了描述术语规范和形态特征的记载标准。采用种系—品种群—品种三级分类体系，建立了西府海棠和湖北海棠种系的观花海棠品种分类系统，并以种系为基础建立了观果海棠的品种分类系统。张往祥等（2013）关于花色时序动态分布格局的研究中，将引进的海棠品种根据花色分为紫红色系类群、粉色系类群以及白色系类群。

本著作结合前人研究成果，并根据实际的调查和整理，对 80 个观赏海棠品种性状进行了详细描述。

第一节　观赏海棠品种分类性状选择

对于观赏海棠品种分类性状，主要选择花部特征、开花习性及花期、果实特征、叶部特征、株型和树型、枝条与树皮等。调查品种资源的过程中，对于品种性状的取样和观测时间、取样部位等都进行了统一，在减少人为误差的同时力求一致，并按照规范标准的测量方法进行数量级的测量统计。

一、花部特征

观赏海棠品种的花部特征是最为重要也是最稳定的性状之一，在海棠栽培品种分类中占重要地位。花部特征主要有花型、花瓣、花色、花香、花冠直径、花梗、雌雄蕊、萼片及萼筒等。观赏海棠花部的观赏价值很高。

（1）花型：主要包括单瓣、半重瓣和重瓣三种类型。重瓣性是指花瓣数目的增加，可通过雄蕊瓣化等方式增加，有时候与外界生长条件也有关。重瓣相对于单瓣是较进化的性状，其可作为划分品种的重要依据。

（2）花瓣：①花瓣数目：重瓣类型的花瓣数均在 10 以上，单瓣类型的花瓣数主要以 5 为主，而半重瓣类型的花瓣数为 5~10。在盛花期选取不同位置的 10 朵花进行观测取其平均值。②花瓣形状：主要分为近圆形、椭圆形、倒卵形和卵圆形四种。③花瓣边缘：分为平展、内卷或褶皱三种。④花瓣先端：主要为圆钝或渐尖两种，部分品种有凹陷。

（3）花色：观赏植物的花色是花卉栽培中的热点，花色是由多基因调控的相对稳定的遗传性状，但有时外界自然条件也会对花色

产生影响，如颜色深浅不一等。引进的海棠栽培品种的花蕾及花色都较为丰富，花蕾的颜色主要有大红色、玫红色、紫红色、粉红色和白色几种。除了紫红色系类群的暗紫红色群外，一般随着开花时间的推移，花色会由深变浅。成熟后花色主要有暗紫红色、紫红色、粉红色、粉白色以及白色。花色是具有较高观赏价值的性状之一。

（4）花香：一般分为无花香、有淡淡花香、花香较为浓郁。在盛花期时进行调查统计。

（5）花冠直径：花开时在标准株上选取 10 朵正常盛开的花朵，用直尺或卷尺测量其自然花冠直径，不可将其展平或拉直，测量数据后取其平均值。

（6）花梗：主要记录其颜色、长度、着生状态及被毛情况。颜色包括黄绿色、绿色、紫红色以及两侧颜色不同（一般一侧为紫红一侧为绿色）；长度用直尺或卷尺选择 5~8 个花梗测量后取其平均值；着生状态主要有直立、下垂以及部分下垂；被毛情况分为光滑无毛、疏被毛、中被毛及密被毛。

（7）雌雄蕊：①雌蕊性状主要有花柱数目、花柱颜色和花柱被毛情况。花柱数目取 10 朵花测量后取平均值；花柱颜色包括黄绿色、淡黄色、紫红色、姜黄色、黄色、粉红色及粉白带绿色等；花柱被毛情况分为光滑无毛、疏被毛、中被毛及密被毛。②雄蕊性状包括雄蕊数目、花丝颜色、花药颜色。雄蕊数目取 10 朵花的平均值；花丝颜色主要有黄色、淡黄色、姜黄色、紫黄色、黄褐色、红褐色等；花药颜色主要有白色、（深）粉红色、（淡）紫红色、玫红色等。③雌雄蕊对比高度，主要包括雌蕊高于雄蕊、雌蕊矮于雄蕊以及雌蕊与雄蕊等高。

（8）萼片及萼筒：①萼片特征包括萼片形状、萼片颜色和萼片被毛情况。萼片形状有卵状三角形、长卵状三角形、披针形等；萼片颜色有绿色、紫红色、绿色尖带紫红色、红褐色、红色等；萼片被毛情况分为光滑无毛、疏被毛、中被毛及密被毛。②萼筒特征分为萼筒颜色和被毛情况。颜色有绿色、紫红色、绿色尖带紫红色、红褐色、红色等；被毛情况分为光滑无毛、疏被毛、中被毛及密被毛。③萼筒与萼片的对比长度，主要包括萼片长于萼筒、萼片短于萼筒、萼片与萼筒等长。

二、开花习性及花期

观赏海棠一般为春季开花，极少数是多季开花。对于引进品种花期，本书记载的是春季开花时间。花期主要包括始花期、盛花期、末花期。始花期指 5%~10% 的花已开放，盛花期指约 50% 或以上的花已开放，末花期指 80% 左右的花朵已经凋谢。花期一般在 3 月下旬至 4 月下旬，极少数品种花期会迟于 4 月末或 5 月初。一般品种花期 6~30 天。

三、果实特征

果实特征主要包括果量、果期、果实颜色、果实形状、果实大小、果柄、萼片宿存情况等。

（1）果量：果量直接影响着品种的观赏价值。一般来说，果量大的品种观赏价值更高。

（2）果期：果期是指挂果期，即从果实膨大到成熟后落果的时间。

（3）果实颜色：此特征为观赏植物观果的重要特征之一。果实颜色有亮红色、紫红色、橘黄色、橙色等，以及由于光线不同所产生的两侧颜色不同的情况。

（4）果实形状：主要分为圆球形、扁球形、卵圆形、倒锥形、倒卵形5种。

（5）果实大小：海棠的栽培品种果实一般较小，果径一般不超过2cm。本研究使用三按键的电子数显卡尺，取10个新鲜果实测量，取其均值。

（6）果柄：果柄主要调查的是颜色、长度、被毛情况及着生状态。果柄颜色有紫红色、黄绿色、橘黄色、金黄色等；长度用直尺测量即可，取10个果柄测量后取其均值；被毛情况分为光滑无毛和被毛；着生状态分为直立、下垂或部分下垂。

（7）萼片宿存情况：指萼片宿存或脱落情况。

四、叶部特征

观赏海棠的叶片在品种间是有相对区别的，因幼叶与成叶特征不同所以分别记录。叶部特征主要包括幼叶性状、成叶性状及叶柄特征。

幼叶性状主要包括幼叶颜色、叶缘颜色、叶上下表面被毛情况、叶裂情况及裂数。幼叶颜色包括鲜绿色、紫红色、棕褐色、绿带紫红色等；叶缘颜色有鲜绿色、紫红色、棕褐色、棕褐色等；叶上下表面被毛情况分为光滑无毛、疏被毛、中被毛、密被毛；叶裂

分为不裂或掌状浅裂，存在异形叶情况；叶裂数一般为 3 或以上。幼叶特征的调查与花部特征调查基本同期。

成叶性状主要包括叶色、叶形、叶脉、叶缘、叶基、叶尖、叶片质地、叶柄及被毛情况等。

（1）叶色：指叶子上下表面颜色，选取光照条件较为良好的自然生长的叶片进行观测和记录。叶色主要包括深（浅）绿色、灰白色、紫红色、黄绿色、绿色略带紫色等。

（2）叶形：主要分为卵形、长卵形、椭圆形、长椭圆形、卵状椭圆形、宽椭圆形等。

（3）叶片质地：主要分为革质和纸质两种类型。

（4）被毛情况：分为光滑无毛、疏被毛、中被毛、密被毛。

（5）叶脉：主要指侧脉的对数，引进的海棠品种侧脉相对都较为清晰可见，基本成对，最少 3 对，最多不超过 7 对。叶脉性状稳定遗传，叶形不会对此性状产生影响。

（6）叶柄：主要记录叶柄颜色、长度和被毛情况等。

（7）叶基：指叶基部略少于25%的叶缘围成的区域。主要有圆形、平截、偏斜、楔形、宽楔形、钝形六种。

（8）叶尖：主要包括急尖、渐尖、长渐尖、凹缺四种。

（9）叶缘：主要包括叶片缺刻程度、叶缘锯齿类型及其密集程度。叶缘锯齿类型有尖锐或圆钝以及混合锯齿、单锯齿和重锯齿之分。

此外，每个品种均选取10个叶片测量其长度、宽度及叶柄长度后取其均值记录。

五、株型和树型

株型是园艺植物一个非常重要的性状，分为乔木、灌木、丛木和藤本。海棠一般主要以乔木和灌木为主。从品种整体上来看，可以较为直观和明显观察到的就是树型。树型是所有性状中最为稳定的，其性状不会随外界条件好坏而变化，变化的只有其大小或高矮。树型主要包括树高、冠幅、树姿、树形以及冠形。其中，冠形一般分为卵形、卵圆形、圆锥形、倒三角形、塔形、倒卵形及柱形。

六、枝条与树皮

关于枝条，本书主要记录了枝姿、刺状短枝、枝条密度、新老枝颜色等。枝姿是一个稳定遗传和表现的性状，可作为品种判别的标准之一。枝姿主要有下垂、直立、斜出、水平或混合型。不同的枝姿相应地产生了不同的树形。刺状短枝有无在海棠品种中是一个比较稳定的性状，引进的海棠品种中大多数不具有刺状短枝，少数具有明显刺状短枝。枝条的密集程度分为密集、较密、中等和稀疏（目测为主）。新枝（幼枝，包括一年生幼枝）的颜色包括棕绿色、黄绿色、红褐色、紫红色、红色、灰白色等，老枝的颜色包括灰棕色、灰白色、棕褐色、红棕色、紫红色等。树皮主要描述其向阳面颜色。

第二节　观赏海棠品种分类检索表

本研究通过野外实地调查和数据记录分析，结合已有的分类研究，将 80 个海棠品种分为三个品种群：单瓣品种群、半重瓣品种群和重瓣品种群；其中单瓣品种群又分为白花单瓣品种群和红花单瓣品种群。本研究建立了如下观赏海棠品种分类检索表。

一、单瓣品种群

1. 花为白色系（ⅰ白花单瓣品种群）·····················2

1. 花为红色系（ⅱ红花单瓣品种群）·····················32

2. 花蕾为淡色系·····································3

2. 花蕾为深色系····································13

3. 花蕾白色··4

3. 花蕾淡红色······································6

4. 花无香气，花药姜黄色··········1. 兰斯洛特 *Malus* 'Lancelot'

4. 花具香气，花药淡黄色······························5

5. 无果实，花梗绿色··········2. 春雪 *Malus* 'Spring Snow'

5. 果实紫红色，扁球形，花梗为一侧红色一侧绿色··········
·······························3. 多尔高 *Malus* 'Dolgo'

6. 花柱淡绿至白色··········4. 绣球 *Malus* 'Hydrangea'

6. 花柱黄绿色······································7

7. 萼筒绿色··8

7. 萼筒紫红色······································9

8. 花瓣倒卵形，幼叶不裂·······5. 雪球 *Malus* 'Snow Drift'

8. 花瓣椭圆形，幼叶掌状 3 或 5 浅裂··················

65. 花瓣倒卵形，边缘内卷⋯⋯⋯64. 紫王子 *Malus* 'Purple Prince'

65. 花瓣椭圆形，边缘平展⋯⋯⋯⋯⋯⋯⋯⋯⋯⋯⋯⋯⋯⋯⋯⋯

⋯⋯⋯⋯⋯⋯⋯⋯⋯⋯⋯⋯ 65. 约翰唐尼 *Malus* 'John Downie'

66. 果柄直立或部分直立⋯⋯⋯⋯⋯⋯⋯⋯⋯⋯⋯⋯⋯⋯⋯⋯67

66 果柄下垂⋯⋯⋯⋯⋯⋯⋯⋯⋯⋯⋯⋯⋯⋯⋯⋯⋯⋯⋯⋯⋯68

67. 幼叶不裂，叶缘鲜绿色⋯⋯⋯⋯66. 鲁道夫 *Malus* 'Rudolph'

47. 掌状 5 浅裂，叶缘紫红色⋯⋯⋯⋯⋯⋯⋯⋯⋯⋯⋯⋯⋯⋯⋯

⋯⋯⋯⋯⋯⋯⋯⋯⋯⋯ 67. 紫雨滴 *Malus* 'Royal Raindrop'

68. 果柄光滑无毛，果实亮橘色⋯⋯⋯⋯⋯⋯⋯⋯⋯⋯⋯⋯⋯⋯

⋯⋯⋯⋯⋯⋯⋯⋯⋯⋯⋯68. 红巴伦 *Malus* 'Red Baron'

68. 果柄被毛，果实暗紫红色⋯⋯⋯⋯⋯⋯⋯⋯⋯⋯⋯⋯⋯⋯69

69. 果实扁球形⋯⋯⋯⋯69. 雷霆之子 *Malus* 'Thunderchild'

69. 果实圆球形⋯⋯⋯⋯⋯⋯⋯⋯⋯⋯⋯⋯⋯⋯⋯⋯⋯⋯⋯70

70. 果实和果柄均为暗紫红色⋯⋯⋯70. 百夫长 *Malus* 'Centurion'

70. 果实和果柄均为深红色⋯⋯⋯⋯⋯ 71. 爱丽 *Malus* 'Eleyi'

二、半重瓣品种群

1. 花紫红色，花瓣 5~11，近圆形，边缘内卷，花梗黑紫色，长约 3cm，雄蕊数约 20，花柱数为 4，果梗长约 3.5cm，萼片宿存⋯⋯⋯⋯⋯⋯⋯⋯⋯⋯⋯⋯⋯⋯⋯⋯ 1. 皇家 *Malus* 'Royalty'

1. 花粉红色，花瓣 7~10，倒卵形，边缘褶皱，花梗绿色，长约 1.8cm，雄蕊数约 11，花柱数为 3，果梗长约 1.5cm，萼片脱落⋯⋯⋯⋯⋯⋯⋯⋯⋯⋯⋯⋯ 2. 珊瑚礁 *Malus* 'Coralburst'

三、重瓣品种群

1. 花紫红色，花瓣均数 13⋯⋯⋯⋯⋯1. 凯尔斯 *Malus* 'Kelsey'

1. 花粉色，花瓣数在 12 以上⋯⋯⋯⋯⋯⋯⋯⋯⋯⋯⋯⋯⋯2

第三章

观赏海棠品种

第一节 单瓣品种群

一、白花单瓣品种群

兰斯洛特

Malus 'Lancelot'

大灌木，树高 1.7~2.5m，树冠开展，呈倒卵形。枝条直立，无刺状短枝，枝条密度中等；新枝黄绿色，老枝棕褐色；树皮灰白色。幼叶棕绿色，密被毛，不裂，叶缘棕绿色。成叶深绿色，椭圆形，长约 6.9cm，宽约 2.8cm，不裂，纸质，光滑无毛，侧脉 3 对；叶柄绿色，长约 2.0cm，疏被毛；叶基平截，叶尖渐尖；叶缘平整，单锯齿尖锐，稀疏。

　　开花量小，花期4月上中旬，达10天以上；伞形花序，有花4~5朵。花蕾白色（带粉色），单瓣花白色，无香味，花冠直径约3.9cm；花瓣5，椭圆形，边缘内卷，先端圆钝。花梗紫红色，长约2.6cm，直立，疏被毛。花丝白色，花药姜黄色，雄蕊约21；花柱4，绿色，直立，光滑无毛，雌蕊高于雄蕊。萼片与萼筒均为绿色，萼片疏被毛，萼筒光滑无毛；萼片三角状卵形，与萼筒等长或稍短于萼筒。果量少，果期7~10月；果实橘黄色，圆球形，较小，纵径约0.91cm，横径约0.98cm；果梗亮红色，长约2.5cm，被毛，部分下垂；萼片脱落。

2 春雪

Malus 'Spring Snow'
（别名：春之雪）

乔木，树高 6~7m，树形紧凑、直立向上，树冠呈倒卵形。枝条斜出，具明显刺状短枝，枝条较密；新枝棕褐色，老枝灰褐色；树皮灰白色。幼叶鲜绿色，疏被毛，不裂，叶缘鲜绿色。成叶深绿色，长椭圆形，长约7.1cm，宽约3.8cm，不裂，革质，光滑无毛，侧脉 3 对；叶柄浅绿色，长约2.6cm，疏被毛；叶基偏斜，叶尖渐尖；叶缘波浪形，混合锯齿尖锐或钝，密集。

开花量中等，花期 4 月上中旬，可达 13 天；伞形花序，有花5~6 朵。花蕾白色（带点粉色），单瓣花白色，具香味，花冠直径约 4.0cm；花瓣 5，倒卵形，边缘内卷，先端圆钝。花梗绿色，长约3.3cm，直立，光滑无毛。花丝白色，花药淡黄色，雄蕊约 20；花柱 5，粉红色，中被毛，雌蕊高于雄蕊。萼片绿色带红色，疏被毛；萼筒暗紫红色，光滑无毛；萼片长三角状卵形，长于萼筒。不结果。

3 多尔高

Malus 'Dolgo'

（别名：铃铛、东哥）

小乔木，树高5~6m，树形直立，树冠开展，呈伞形或圆形。枝条斜出，无刺状短枝，枝条较密；新枝黄绿色，老枝黄褐色；树皮黄褐色。幼叶鲜绿色，疏被毛，不裂，叶缘鲜绿色。成叶深绿色，窄椭圆形，长约8.2cm，宽约4.6cm，不裂，纸质，光滑无毛，侧脉2~3对；叶柄绿色，长约3.6cm，疏被毛；叶基楔形，叶尖渐尖；叶缘波浪形，重锯齿尖锐，密集。

开花量中等，花期3月底至4月中旬；伞形花序，有花3~5朵。花蕾粉白色，单瓣花白色，无香味，花冠直径约3.5cm；花瓣5，倒卵形，边缘内卷，先端圆钝。花梗红棕色，长约2.7cm，直立，密被毛。花丝白色，花药黄色，雄蕊约12；花柱4，黄绿色，疏被毛，雌蕊高于雄蕊。萼片红棕色，密被毛；萼筒紫红色，光滑无毛；萼片长三角状卵形至披针形，长于萼筒。果量中等，挂果至深秋；果实紫红色至金黄色，扁球形，较大，纵径约1.92cm，横径约2.21cm；果梗暗红色，长约3.3cm，光滑无毛，半下垂；萼片宿存。

绣球

Malus 'Hydrangea'

小乔木，树高 3.5~4m，主干较粗，树形直立开展，树冠呈倒卵形。枝条水平斜出，无刺状短枝，枝条密度中等；新枝紫棕色，老枝紫褐色；树皮灰褐色。幼叶鲜绿色，密被毛，不裂，叶缘棕绿色。成叶绿色，椭圆形，长约 6.5cm，宽约 3.8cm，不裂，纸质，光滑无毛，侧脉 3 对；叶柄绿色，长约 2.5cm，中被毛；叶基平截，叶尖长渐尖；叶缘波浪形，重锯齿尖锐，密集。

开花量中等，花期 4 月上中旬；伞形花序，有花 5~6 朵。花蕾粉红色，单瓣花白色，具香味，花冠直径约 3.1cm；花瓣 5，圆形，边缘稍平展，先端圆钝。花梗红棕色，长约 3.6cm，下垂，光滑无毛。

花丝白色，花药黄褐色，雄蕊约20；花柱4，淡绿色至白色，疏被毛，雌蕊高于雄蕊。萼片绿色尖带红色，密被毛；萼筒红棕色，光滑无毛；萼片长三角状卵形，长于萼筒。果量小，挂果至深秋；果实亮黄绿色带红色，圆球形，较小，纵径约1.01cm，横径约1.08cm；果梗黄绿色带红色，长约3.4cm，光滑无毛，下垂；萼片脱落。

5 雪球

Malus 'Snow Drift'
（别名：雪坠、雪堆）

小乔木或大灌木，树高 5~7m，树势强，树形直立开展，树冠呈倒卵形至圆柱形。枝条斜出或直立，具刺状短枝，枝条密度中等；新枝红褐色，老枝绿褐色；树皮绿褐色。幼叶鲜绿色，表面密被毛，背面疏被毛，不裂，叶缘鲜绿色。成叶绿色，椭圆形，长约 7.5cm，宽约 4.3cm，不裂，纸质，光滑无毛，侧脉 3~4 对；叶柄绿色，长约 2.8cm，疏被毛；叶基平截，叶尖渐尖；叶缘波浪形，单锯齿尖锐，稀疏。

　　开花量较大，花期3月下旬至4月上旬；伞形花序，有花4~6朵。花蕾粉红色，单瓣花白色，具香味，花冠直径约2.2cm；花瓣5，倒卵形，边缘内卷，先端圆钝。花梗绿色，长约3.1cm，下垂，疏被毛。花丝白色，花药姜黄色，雄蕊约19；花柱4，黄绿色，疏被毛，雌蕊高于雄蕊。萼片与萼筒均为绿色，均疏被毛；萼片长三角状卵形至披针形，与萼筒近等长。果量中等，宿存过冬；果实橘红色，圆球形，较小，纵径约1.01cm，横径约1.08cm；果梗橙红色，长约3.4cm，光滑无毛，下垂；萼片脱落。

6 超甜时光   *Malus* 'Super Sugartime'

  小乔木，树高 2.5~4m，树形紧凑、直立向上，树冠呈倒卵形。枝条直立或稍斜出，无刺状短枝，枝条密度中等；新枝红褐色，老枝棕褐色；树皮棕褐色。幼叶鲜绿色，疏被毛，掌状 5 浅裂，叶缘鲜绿色。成叶深绿色，椭圆形，长约 5.5cm，宽约 2.8cm，不裂，纸质，光滑无毛，侧脉 3~4 对；叶柄绿色，长约 2.2cm，疏被毛；叶基平截，叶尖渐尖；叶缘波浪形，混合锯齿尖锐，密集。

　　开花量小，花期3月末至4月中旬；伞形花序，有花6~9朵。花蕾粉红色，单瓣花白色，香味较浓，花冠直径约4.0cm；花瓣5，椭圆形，边缘内卷，先端圆钝。花梗绿色，长约3.1cm，直立，光滑无毛。花丝白色，花药淡黄色，雄蕊约22；花柱4，黄绿色，光滑无毛，雌蕊与雄蕊等高或稍短于雄蕊。萼片与萼筒均为绿色，均光滑无毛；萼片披针形，长于萼筒。果量大，挂果至深秋；果实亮红色，圆球形，较小，纵径约1.01cm，横径约0.98cm；果梗黄绿色，长约2.8cm，光滑无毛，下垂；萼片脱落。

7 亚瑟王

Malus 'King Arthur'

小乔木或大灌木，树高 2.5~3m，树势强，树形直立开展，树冠近似半圆形。枝条斜出，具明显的刺状短枝，枝条密度中等；新枝灰绿色，老枝灰棕色；树皮红棕色。幼叶鲜绿色，中被毛，掌状 5 浅裂，叶缘鲜绿色。成叶深绿色，椭圆形，长约 6.5cm，宽约 3.8cm，不裂，纸质，光滑无毛，侧脉 4 对；叶柄绿色，长约 1.8cm，疏被毛；叶基平截，叶尖渐尖；叶缘波浪形，重锯齿尖锐，密集。

开花量中等，与叶片呼应，整体饱满，花期4月上中旬；伞形花序，有花5~6朵。花蕾粉红色，单瓣花白色，无香味，花冠直径约3.2cm；花瓣5，近圆形，边缘褶皱，先端圆钝。花梗绿色，长约2.9cm，直立，密被毛。花丝白色，花药黄褐色，雄蕊约18；花柱4，黄绿色，中被毛，雌蕊与雄蕊等高或高于雄蕊。萼片绿色，萼筒紫红色，均中被毛；萼片三角状卵形，萼片与萼筒等长或长于萼筒。果量中等，果期至深秋；果实亮红色，圆球形，纵径约1.25cm，横径约1.17cm；果梗红褐色，长约2.2cm，光滑无毛，下垂；萼片脱落。

8 金色仙踪

Malus 'Fairytail Gold'

小乔木，树高 3~5m，树形直立开展，呈圆柱形。枝条斜出，无刺状短枝，枝条密度中等；新枝紫褐色，老枝紫褐色；树皮绿褐色。幼叶鲜绿色，叶表面中被毛，叶背面疏被毛，掌状 5 浅裂，叶缘鲜绿色。成叶深绿色，长椭圆形，长约 6.5cm，宽约 3.5cm，不裂，纸质，光滑无毛，侧脉 4 对；叶柄绿色，长约 3.5cm，疏被毛；叶基楔形，叶尖长渐尖；叶缘波浪形，单锯齿尖锐，密集。

开花量大，花期 3 月末至 4 月中旬；伞形花序，有花 5 朵。花蕾粉红色，单瓣花白色，具香味，花冠直径约 3.7cm；花瓣 5，卵圆形，边缘平展，先端圆钝。花梗绿色，长约 2.8cm，部分下垂，疏被毛。花丝白色，花药黄色，雄蕊约 21；花柱 3，黄绿色，光滑无毛，雌蕊高于雄蕊。萼片绿色，疏被毛；萼筒紫红色，光滑无毛；萼片三角状卵形，与萼筒近等长。果量很小，挂果至初冬；果实黄绿色，圆球形，较小，纵径约 1.18cm，横径约 1.21cm；果梗黄绿色，长约 3.1cm，光滑无毛，下垂；萼片脱落。

9　红色警戒

Malus 'Red Sentinel'
（别名：红哨兵）

　　小乔木或大灌木，树高 1.2~1.8m，树形两侧不对称，呈锥形。枝条斜出，具明显的刺状短枝，枝条稀疏；新枝黄绿色，老枝棕褐色；树皮灰白色。幼叶鲜绿色，中被毛，掌状 3 浅裂，叶缘鲜绿色。成叶深绿色，椭圆形，长约 7.3cm，宽约 3.3cm，不裂，纸质，叶表面光滑无毛，叶背面疏被毛，侧脉 3 对；叶柄绿色略带紫色，长约 1.8cm，疏被毛；叶基楔形，叶尖渐尖；叶缘平整，单锯齿尖锐，密集。

开花量中等，花期 4 月上中旬；伞形花序，有花 4~6 朵。花蕾粉红色，单瓣白色，具香味，花冠直径约 2.7cm；花瓣 5（偶 6），椭圆形，边缘褶皱，先端圆钝。花梗绿色，长约 1.8cm，直立，疏被毛。花丝白色，花药黄褐色，雄蕊约 19；花柱 5，黄绿色，中被毛，雌蕊矮于雄蕊。萼片绿色，中被毛；萼筒紫红色，光滑无毛；萼片长三角状卵形，长于萼筒。果量大，挂果期较长，至冬季；果实亮红色，圆球形至卵圆形，较大，纵径约 2.06cm，横径约 1.51cm；果梗红褐色，长约 1.7cm，被毛，下垂；萼片脱落。

金雨滴

Malus 'Golden Raindrop'

小乔木，树高约 4m，树形直立开展，近似圆柱形但不饱满。枝条水平斜出，无刺状短枝，枝条稀疏；新枝黄褐色，老枝棕褐色；树皮绿棕色。幼叶鲜绿色，中被毛，掌状 5 深裂，叶缘鲜绿色。成叶深绿色，椭圆形，长约 5.5cm，宽约 3.4cm，不裂或掌状 3 浅裂，纸质，光滑无毛，侧脉 5 对；叶柄绿色，长约 2.1cm，中被毛；叶基楔形，叶尖渐尖；叶缘波浪形，重锯齿尖锐，密集。

开花量较大，花型饱满紧凑，花期 4 月中下旬；伞形花序，有花 3~4 朵。花蕾粉红色，单瓣花白色，具香味，花冠直径约 2.8cm；花瓣 5，倒卵形，边缘稍内卷，先端圆钝。花梗向阳侧红色背阳侧绿色，长约 2.3cm，直立，光滑无毛。花丝白色，花药淡黄色，雄蕊约 20；花柱 5，淡绿色，疏被毛，雌蕊高于雄蕊。萼片绿色带红色，疏被毛；萼筒紫红色，光滑无毛；萼片三角状卵形，长于萼筒。果量较大，7 月落果；果实亮橘黄色，圆球形，纵径约 1.54cm，横径约 1.62cm；果梗紫红色，长约 2.9cm，光滑无毛，下垂；萼片脱落。

11 唐纳德怀曼

Malus 'Donald Wyman'
（别名：当娜）

小乔木或大灌木，树高 5~7m，树形直立紧凑，树冠呈倒卵形。枝条近水平斜出，无刺状短枝，枝条稀疏；新枝红褐色，老枝棕褐色；树皮灰褐色。幼叶鲜绿色，叶表面中被毛，叶背面疏被毛，掌状 3 浅裂，叶缘鲜绿色。成叶深绿色，宽椭圆形，长约 5.4cm，宽约 2.8cm，不裂，纸质，光滑无毛，侧脉 3 对；叶柄绿色，长约 2.1cm，疏被毛；叶基楔形，叶尖渐尖；叶缘波浪形，单锯齿尖锐，密集。

开花量中等，花期 4 月中旬；伞形花序，有花 5 朵。花蕾粉红色，单瓣花白色，具香味，花冠直径约 4.5cm；花瓣 5，卵圆形，边缘平展，先端圆钝。花梗绿色，长约 3.8cm，下垂，疏被毛。花丝白色，花药黄褐色，雄蕊约 20；花柱 3 或 4，黄绿色，疏被毛，雌蕊高于雄蕊。萼片绿色尖带红色，萼筒紫红色，均疏被毛；萼片三角状卵形长于萼筒。果量少，果期 6 月至 9 月底；果实大红色，圆球形，纵径约 1.15cm，横径约 1.11cm；果梗红褐色，长约 2.9cm，光滑无毛，下垂；萼片脱落。

12 阿迪荣达克

Malus 'Addirondack'

乔木，树高约 3.5m，树形直立紧凑，树冠狭窄。枝条斜出，具刺状短枝，枝条稀疏；新枝黄绿色，老枝黄褐色；树皮黄褐色。幼叶鲜绿色，中被毛，不裂，叶缘鲜绿色。成叶深绿色，卵形，长约 7.1cm，宽约 3.8cm，不裂，革质，光滑无毛，侧脉 3~4 对；叶柄绿色，长约 2.5cm，疏被毛；叶基偏斜，叶尖长渐尖；叶缘波浪形，单锯齿尖锐，密集。

开花量中等，花期 4 月中旬；伞形花序，有花 6 朵。花蕾暗红色，单瓣花白色，有粉红色条纹，无香味，花冠直径约 4.3cm；花瓣 5，卵圆形，边缘平展，先端圆钝。花梗绿色，长约 3.7cm，直立，密被毛。花丝白色，花药淡黄色，雄蕊约 18 个；花柱 5，黄绿色，疏被毛，雌蕊高于雄蕊。萼片绿色尖带红色，萼筒紫红色，均疏被毛；萼片三角状卵形，长于萼筒。果量少，果期 6~10月；果实红色至橙红色，圆球形，纵径约 1.19cm，横径约 1.13cm；果梗绿色，长约 3.1cm，光滑无毛，直立；萼片脱落。

13 熔岩

Malus 'Molten Lava'

小乔木，树高 1~1.5m，树形直立，树冠近似锥状伞形。枝条水平斜出略下垂，具刺状短枝但不明显，枝条稀疏；新枝红棕色，老枝棕褐色；树皮黄褐色。幼叶鲜绿色，疏被毛，掌状 2~3 浅裂，叶缘鲜绿色。成叶深绿色，长椭圆形，长约 8.1cm，宽约 3.2cm，不裂，纸质，光滑无毛，侧脉 4 对；叶柄绿色，长约 3.6cm，疏被毛；叶基平截，叶尖长渐尖；叶缘平整，混合锯齿尖锐，密集。

开花量中等偏大，花型饱满，花期4月上中旬；伞形花序，有花5~8朵。花蕾玫红色，单瓣花白色，具香味，花冠直径约3.7cm；花瓣4或5，卵圆形，边缘平展，先端圆钝。花梗绿色，长约2.7cm，部分下垂，中被毛。花丝白色，花药黄褐色，雄蕊约20；花柱3，黄绿色，疏被毛，雌蕊高于雄蕊。萼片与萼筒均为绿色，萼片密被毛，萼筒光滑无毛；萼片披针形，与萼筒等长。果量少，果期10月；果实暗红色，圆球形，纵径约1.01cm，横径1.03cm；果梗黄绿色，长约3.1cm，光滑无毛，直立；萼片脱落。

珠穆朗玛

Malus 'Everest'

小乔木或大灌木，树高 2.5~3.5m，最高可达 4~6m，树形直立开展，树冠呈金字塔形。枝条斜出，无刺状短枝，枝条密集；新枝红棕色，老枝棕褐色；树皮棕褐色。幼叶鲜绿色，密被毛，掌状 3 浅裂，叶缘绿色。成叶深绿色，椭圆形，长约 6.2cm，宽约 4.3cm，不裂，纸质，光滑无毛，侧脉 3~5 对；叶柄绿色略带紫色，长约 3.2cm，中被毛；叶基偏斜，叶尖渐尖；叶缘波浪形，混合锯齿尖锐，密集。

开花量大，花朵密集，花期 4 月上中旬；伞形花序，有花 5~7 朵。花蕾玫红色，单瓣花白色，无香味，花冠直径约 3.4cm；花瓣

5，椭圆形，边缘褶皱，先端渐尖。花梗绿色，一侧带紫红色，长约2.5cm，直立，疏被毛。花丝白色，花药姜黄色，雄蕊约26；花柱5，黄绿色，疏被毛，雌蕊与雄蕊等高。萼片绿色尖带红色，萼筒红棕色，均中被毛；萼片长三角状卵形，长于萼筒。挂果量大，果期7~12月；果实向阳面亮红色，背阳面红棕色，扁球形，纵径约1.95cm，横径约2.48cm；果梗红色，长约3.5cm，被毛，下垂；萼片部分宿存。

15 硕红

Malus 'Red Great'

小乔木或大灌木，树高 2.5~4m，树形直立开展，树冠呈倒卵形。枝条斜出，无刺状短枝，枝条稀疏；新枝红棕色，老枝红褐色；树皮红褐色。幼叶棕褐色，密被毛，不裂，叶缘棕褐色。成叶绿色，椭圆形，长约 6.5cm，宽约 3.5cm，不裂，纸质，光滑无毛，侧脉 3 对；叶柄绿色，长约 3.1cm，中被毛；叶基楔形，叶尖长渐尖；叶缘波浪形，单锯齿尖锐，密集。

开花量小，花期4月上中旬；伞形花序，有花5朵。花蕾玫红色，单瓣花白色，无香味，花冠直径约4.7cm；花瓣5，卵圆形，边缘内卷，先端渐尖。花梗绿色，长约3.0cm，直立，密被毛。花丝白色，花药淡黄色，雄蕊约17；花柱5，淡黄色，密被毛，雌蕊矮于雄蕊。萼片绿色，密被毛；萼筒红褐色，光滑无毛；萼片长三角状卵形，与萼筒等长。果量很小，7月落果；果实黄绿色，扁球形；果梗黄绿色。

16° 春之韵

Malus 'Spring Sensation'

小乔木或大灌木，树高约 2m，树形<u>直立开展</u>，两侧略不对称，呈圆柱形或圆形。枝条直立或弧形斜出，无刺状短枝，枝条稀疏；新枝黄绿色，老枝黄褐色；树皮黄褐色。幼叶棕绿色，密被毛，掌状 5 浅裂，叶缘棕褐色。成叶深绿色，宽椭圆形，长约 6.5cm，宽约 4.1cm，不裂，革质，光滑无毛，侧脉 3~4 对；叶柄绿色略带紫色，长约 1.5cm，中被毛；叶基楔形，叶尖渐尖；叶缘波浪形，单锯齿尖锐，密集。

开花量中等，花期 3 月末至 4 月中旬；伞形花序，有花 3~5 朵。花蕾玫红色，单瓣花白色，花瓣密且部分重叠，具香味，花冠直径约 4.2cm；花瓣 5，近圆形，边缘平展，先端圆钝或凹陷。花梗绿色，长约 2.7cm，直立，光滑无毛。花丝白色，花药黄色，雄蕊约 19；花柱 5，黄色带紫红色，光滑无毛，雌蕊高于雄蕊。萼片绿色，边缘带紫红色，密被毛；萼筒暗紫红色，光滑无毛；萼片三角状卵形，与萼筒等长或稍长于萼筒。挂果量小，8 月落果；果实橘黄或橘红色，圆球形，径约 1.85cm；果梗橘红色，长约 2.7cm，光滑无毛，下垂；萼片脱落。

17 警卫

Malus 'Guard'

小乔木或大灌木，树高 3.5~4m，树形直立开展，树冠呈宽卵形。枝条直立或斜出，具刺状短枝但不明显，枝条密集；新枝青绿色，老枝灰白色；树皮紫灰色。幼叶鲜绿色，密被毛，掌状 3 浅裂，叶缘鲜绿色。成叶绿色，椭圆形，长约 7.1cm，宽约 4.5cm，不裂，纸质，被毛，侧脉 4 对；叶柄绿色，长约 3.0cm，中被毛；叶基楔形，叶尖渐尖；叶缘波浪形，混合锯齿尖锐，密集。

开花量较大，花期 3 月末至 4 月中旬；伞形花序，有花 5~8 朵。花蕾玫红色，单瓣花白色，无香味，花冠直径约 3.5cm；花瓣 5，近圆形，边

缘内卷，先端圆钝。花梗紫红色，长约2.7cm，直立，密被毛。花丝白色，花药黄色，雄蕊约21；花柱5，淡绿色，密被毛，雌蕊高于雄蕊。萼片绿色，密被毛；萼筒紫红色，疏被毛；萼片长三角状卵形，与萼筒等长。果量大，挂果至冬季；果实亮红色，卵圆形，纵径约1.94cm，横径约1.59cm；果梗紫红色，长约1.9cm，光滑无毛，下垂；萼片脱落。

18 金色丰收

Malus 'Havest Gold'
（别名：金丰收）

乔木，树高 1.8~2.5m，树形直立开展，树冠呈宽卵形。枝条直立斜出，无刺状短枝，枝条稀疏；新枝黄绿色，老枝黄褐色；树皮黄褐色。幼叶鲜绿色，中被毛，掌状 3 浅裂，叶缘鲜绿色。成叶深绿色，椭圆形，长约 6.4cm，宽约 3.9cm，不裂或掌状 1~3 浅裂，纸质，光滑无毛，侧脉 3 对；叶柄绿色，长约 2.2cm，疏被毛；叶基平截，叶尖长渐尖；叶缘波浪形，单锯齿尖锐，密集。

开花量中等，花期 4 月上中旬；伞形花序，有花 6~7 朵。花蕾大红色，单瓣花白色，具香味，花冠直径约 2.9cm；花瓣 5，卵圆形，边缘平展，先端圆钝。花梗一侧红色一侧绿色，长约 3.3cm，下垂，疏被毛。花丝白色，花药黄褐色，雄蕊约 20；花柱 5，黄绿色，疏被毛，雌蕊矮于雄蕊。萼片红褐色，密被毛；萼筒紫红色，光滑无毛；萼片长三角状卵形，长于萼筒。果量中等，挂果至冬季；果实金黄色，圆球形，纵径约 1.04cm，横径约 1.13cm；果梗紫红色，长约 1.6cm，光滑无毛，下垂；萼片脱落。

19 美丽

Malus 'Gorgeous'

（别名：多彩、绚丽）

乔木，树高约1.5m，树形直立紧凑，树冠呈半球形。枝条斜出，无刺状短枝，枝条密集；新枝棕绿色，老枝灰棕色；树皮灰白色。幼叶鲜绿色，中被毛，不裂，叶缘鲜绿色。成叶深绿色，卵状椭圆形，长约10.2cm，宽约6.3cm，不裂，纸质，疏被毛，侧脉3~5对；叶柄绿色，长约2.4cm，中被毛；叶基圆形，叶尖渐尖；叶缘波浪形，混合锯齿尖锐，密集。

　　开花量中等，花期 4 月上中旬；伞形花序，有花 6~8 朵。花蕾玫红色，单瓣花白色，无香味，花冠直径约 3.1cm；花瓣 5，椭圆形，边缘内卷，先端圆钝。花梗一侧红色一侧绿色，长约 2.3cm，直立，密被毛。花丝白色，花药黄色，雄蕊约 20；花柱 5，黄绿色，密被毛，雌蕊与雄蕊等高。萼片绿色尖带红色，萼筒紫红色，均密被毛；萼片三角状卵形，与萼筒等长或长于萼筒。果量中等，挂果至深秋；果实暗红色至橙红色，圆球形，纵径约 1.82cm，横径约 1.88cm；果梗紫红色，长约 2.2cm，密被毛，下垂；萼片脱落。

甜蜜时光 *Malus* 'Sugar Time'

大灌木，树高 1.4~2m，树形直立，树冠不对称开展近似倒卵形。枝条斜出角度较大，无刺状短枝，枝条稀疏；新枝黄绿色，老枝黄褐色；树皮灰白色。幼叶鲜绿色，中被毛，不裂或掌状 1~2 浅裂，叶缘绿色。成叶深绿色，椭圆形，长约 6.5cm，宽约 3.2cm，不裂或掌状 1~2 浅裂，纸质，光滑无毛，侧脉 3~5 对；叶柄绿色，长约 3.1cm，疏被毛；叶基楔形，叶尖渐尖；叶缘波浪形，混合锯齿尖锐，密集。

开花量大，整株密集，花期4月上中旬；伞形花序，有花4~6朵。花蕾玫红色，单瓣花白色，具香味，花冠直径约3.2cm；花瓣5，卵圆形，边缘平展，先端圆钝。花梗绿色，长约2.5cm，部分下垂，中被毛。花丝白色，花药黄色，雄蕊约18；花柱5，绿色，密被毛，雌蕊与雄蕊等高或稍矮于雄蕊。萼片绿色尖带红色，密被毛；萼筒紫红色，疏被毛；萼片披针形，长于萼筒。果量大，果期至冬季；果实亮红色，圆球形，纵径约1.55cm，横径约1.62cm；果梗黄绿色带红色，长约2.8cm，光滑无毛，下垂；萼片脱落。

观赏海棠

红色冬季

Malus 'Winter Red'

小乔木，树高约 3.5m，冠幅约 2.5m，树形直立紧凑，树冠近似塔形。枝条水平斜出，无刺状短枝，枝条密集；新枝黄绿色，老枝棕褐色；树皮紫棕色。幼叶鲜绿色，光滑无毛，不裂，叶缘绿色略带紫色。成叶深绿色，卵状椭圆形，长约 7.4cm，宽约 3.2cm，不裂，纸质，疏被毛，侧脉 2~4 对；叶柄绿色，长约 2.2cm，疏被毛；叶基楔形，叶尖渐尖；叶缘波浪形，重锯齿尖锐，稀疏。

开花量中等，花期 3 月下旬至 4 月中旬；伞形花序，有花 5 朵。花蕾玫红色，单瓣花白色，具香味，花冠直径约 3.1cm；花瓣 5，卵圆形，边缘内卷，先端圆钝。花梗绿色，长约 2.5cm，直立，密被毛。花丝白色，花药黄色，雄蕊数约 20；花柱 5，黄绿色，密被毛，雌蕊与雄蕊等高或稍短于萼筒。萼片绿色，中被毛；萼筒紫红色，疏被毛；萼

片三角状卵形，与萼筒等长或长于萼筒。整株挂果，果量大，挂果至翌年 2 月；果实亮红色，扁球形，纵径约 1.95cm，横径约 2.13cm；果梗红褐色，长约 2.7cm，光滑无毛，下垂；萼片脱落。

22 白色瀑布

Malus 'White Cascade'

　　小乔木，树高约 4.5m，株形优美，似红玉。枝条下垂，无刺状短枝，枝条稀疏；新枝黄绿色，老枝绿褐色；树皮绿棕色。幼叶绿色，中被毛，不裂，叶缘棕褐色。成叶深绿色，长卵形至披针形，长约 8.0cm，宽约 4.1cm，不裂，纸质，光滑无毛，侧脉 3 对；叶柄绿色，长约 2.2cm，中被毛；叶基楔形，叶尖长渐尖；叶缘波浪形，混合锯齿尖锐，密集。

　　开花量小，集中于枝顶，花期 3 月下旬至 4 月中旬；伞形花序，有花 5~6 朵。花蕾玫红色，单瓣花白色，香味较浓，花冠直径约 3.5cm；花瓣 5，近圆形，边缘平展，先端圆钝。花梗紫红色，长约 3.9cm，下垂，光滑无毛。花丝白色，花药黄色，雄蕊约 19；花柱 3，黄绿色，疏被毛，雌蕊高于雄蕊。萼片绿色尖带红色，疏被毛；萼筒紫红色，光滑无毛；萼片披针形，与萼筒等长或稍长于萼筒。果量少，7 月落果；果实黄绿色，倒卵形，纵径 1.76cm，横径约 1.68cm；果梗黄绿色，长约 3.7cm，光滑无毛，下垂；萼片脱落。

23 玛丽波特 *Malus* 'Marry Potter'

小乔木或大灌木，树高 1.5~2m，最高可达 6m，树冠开展，呈伞形。枝条水平直立或斜出，大部分下垂，无刺状短枝，枝条稀疏；新枝红褐色，老枝棕褐色；树皮棕褐色。幼叶棕绿色，密被毛，不裂，叶缘棕绿色。成叶深绿色，椭圆形，长约 7.2cm，宽约 3.8cm，不裂，革质，光滑无毛，侧脉 6 对；叶柄绿色，长约 2.2cm，中被毛；叶基平截，叶尖渐尖；叶缘波浪形，单锯齿尖锐，密集。

　　开花量较大，花朵饱满，花期4月中旬；伞形花序，有花5~6朵。花蕾大红色，单瓣花白色，无香味，花冠直径约2.6cm；花瓣5，卵圆形，边缘褶皱，先端圆钝。花梗红棕色，长约2.4cm，直立，疏被毛。花丝白色，花药姜黄色，雄蕊数约17；花柱3个，黄绿色，疏被毛，雌蕊与雄蕊等高或略长于雄蕊。萼片绿色带红晕，密被毛；萼筒紫红色，疏被毛；萼片三角状卵形，与萼筒等长或稍短于萼筒。果量中等，果期7~9月；果实深红至紫红色，扁球形，较小，纵径约1.01cm，横径约1.21cm；果梗暗红色，长约2.5cm，光滑无毛，下垂；萼片脱落。

24 棒棒糖

Malus 'Lollipop'

小乔木，树高约 1.6m，树形直立紧凑，树冠呈倒卵形。枝条斜出，无刺状短枝，枝条稀疏；新枝黄绿色，老枝黄褐色；树皮黄褐色。幼叶鲜绿色，光滑无毛，掌状 3 浅裂，叶缘绿色。成叶绿色，卵形，长约 4.7cm，宽约 2.2cm，不裂，纸质，光滑无毛，侧脉 3 对；叶柄绿色，长约 2.1cm，疏被毛；叶基平截，叶尖渐尖；叶缘平整，重锯齿尖锐，稀疏。

开花量大，花期 4 月上中旬；伞形花序，有花 5~6 朵。花蕾玫红色，单瓣花白色，具香味，花冠直径约 2.8cm；花瓣 5，椭圆形，边缘内卷，先端圆钝。花梗绿色，长约 1.9cm，直立，疏被毛。花丝白色，花药姜黄色，雄蕊约 17；花柱 3，黄绿色，疏被毛，雌蕊与雄蕊等高或稍短于萼筒。萼片与萼筒均为红棕色，均疏被毛；萼片长三角状卵形至披针形，与萼筒等长。果量小，9 月基本落果；果实亮红色，圆球形或倒卵形，果小，纵径约 0.65cm，横径约 0.69cm；果梗红色，长约 2.3cm，被毛，直立；萼片脱落。

25 火鸟

Malus 'Firebird'

小乔木，树高约 1.6m，树形直立紧凑，树冠似塔形。枝条斜出，无刺状短枝，枝条稀疏；新枝黄绿色，老枝深黄绿色；树皮黄褐色。幼叶鲜绿色，中被毛，掌状 3 浅裂，叶缘鲜绿色。成叶深绿色，椭圆形，长约 7.8cm，宽约 4.5cm，不裂，革质，光滑无毛，侧脉 2~5 对；叶柄绿色，长约 1.5cm，疏被毛；叶基楔形，叶尖长渐尖；叶缘平整，单锯齿尖锐，密集。

开花量中等，花期 4 月中旬至 5 月初；伞形花序，有花 4~7 朵。花蕾玫红色，单瓣花白色，无香味，花冠直径约 3.2cm；花瓣 5，椭圆形，边缘内卷，先端圆钝。花梗绿色，长约 2.3cm，直立，疏被毛。花丝白色，花药姜黄色，雄蕊约 22；花柱 3，黄绿色，疏被毛，雌蕊高于萼筒。萼片绿色，密被毛；萼筒红棕色，光滑无毛；萼片长三角状卵形至披针形，与萼筒等长。果量小，9 月基本落果；果实橘红色，圆球形，果小，纵径约 0.83cm，横径约 0.87cm；果梗黄绿色，长约 2.4cm，被毛，部分直立；萼片脱落。

戴维

Malus 'David'

（别名：大卫）

小乔木，树高 1.8~2.4m，树形直立紧凑，树冠似塔形。枝条直立或斜出，无刺状短枝，枝条稀疏；新枝黄绿色，老枝深黄绿色；树皮黄褐色。幼叶绿色，叶表面疏被毛，背面无毛，不裂，叶缘鲜绿色。成叶绿色，椭圆形，长约 6.1cm，宽约 4.8cm，不裂，革质，光滑无毛，侧脉 3~4 对；叶柄绿色，长约 2.2cm，疏被毛；叶基楔形，叶尖长渐尖；叶缘波浪形，单锯齿尖锐，密集。

开花量中等，花期 4 月上中旬；伞形花序，有花 4~5 朵。花蕾玫红色，单瓣花白色，无香味，花冠直径约 3.8cm；花瓣 5，倒卵形，边缘褶皱，先端圆钝。花梗绿色，长约 3.5cm，直立，疏被毛。花丝白色，花药黄褐色，雄蕊约 19；花柱 4，黄绿色，疏被毛，雌蕊与雄蕊等高。萼片与萼筒均为绿色，均密被毛；萼片披针形，长于萼筒。

果量小，9月基本落果；果实黄绿色带红晕，圆球形，纵径约1.68cm，横径约1.71cm；果梗黄绿色，长约3.3cm，光滑无毛，部分直立；萼片脱落。

27 斯普伦格 *Malus* 'Professor Sprenger'

乔木，树高 4~5m，冠幅可达 6m，树形直立挺拔，冠似球形，密集。枝条直立或斜出，无刺状短枝，枝条密度中等；新枝红褐色，老枝棕绿色；树皮棕褐色。幼叶鲜绿色，光滑无毛，不裂，叶缘鲜绿色。成叶深绿色，卵状椭圆形，长约 6.5cm，宽约 4.5cm，不裂，纸质，光滑无毛，侧脉 4 对；叶柄绿色略带紫色，长约 1.8cm，疏被毛；叶基平截，叶尖渐尖；叶缘平整，单锯齿尖锐，密集。

开花量中等，花期 3 月下旬至 4 月中旬；伞形花序，有花 4~5 朵。花蕾大红色，单瓣花白色，具香味，花冠直径约 3.3cm；花瓣 5，近圆形，边缘内卷，先端圆钝。花梗黄绿色，长约 2.7cm，直立，密被毛。花丝白色，花药黄

色，雄蕊约 20；花柱 4，淡黄色，密被毛，雌蕊矮于雄蕊。萼片与萼筒均为绿色，均密被毛；萼片披针形，长于萼筒。果量大，果实经冬不落；果实橘黄色，圆球形，纵径约 1.80cm，横径约 1.87cm；果梗橘黄色，长约 1.9cm，被毛，下垂；萼片脱落。

28 灰姑娘

Malus 'Cinderella'

小乔木或大灌木，树高 1.8~2m，树形直立挺拔，树冠开展、不对称，呈倒卵形。枝条直立或斜出，具刺状短枝但不明显，枝条密度中等；新枝黄绿色，老枝黄褐色；树皮棕褐色。幼叶鲜绿色，中被毛，掌状 4~5 浅裂，叶缘棕褐色。成叶绿色，长椭圆形，长约7.1cm，宽约 3.2cm，不裂或掌状 1~3 浅裂，纸质，光滑无毛，侧脉 4 对；叶柄绿色，长约 2.1cm，疏被毛；叶基楔形，叶尖长渐尖；叶缘平整，重锯齿尖锐，密集。

开花量较小，绿叶繁茂，花期 3 月下旬至 4 月中旬；伞形花序，有花 4~5 朵。花蕾玫红色，单瓣花白色，无香味，花冠直径约2.4cm；花瓣 5，椭圆形，边缘平展，先端圆钝。花梗绿色，长约2.1cm，下垂，光滑无毛。花丝白色，花药姜黄色，雄蕊约 17；花柱 4，黄绿色，疏被毛，雌蕊矮于雄蕊。萼片与萼筒均为绿色，萼片疏被毛，萼筒光滑无毛；萼片长三角状卵形至披针形，长于萼筒。果量较小，挂果至冬季；果实橘黄色，圆球形，果较小，纵径约0.85cm，横径约 0.87cm；果梗黄绿色，长约 2.2cm，被毛，下垂；萼片脱落。

29 阿美

Malus 'Almey'

乔木，树高 1.5~2.5m，最高可达 8m，树形直立挺拔，树冠呈圆球形。枝条斜出，无刺状短枝，枝条密度中等；新枝棕褐色，老枝棕褐色；树皮灰白色。幼叶紫红色，中被毛，不裂，叶缘棕褐色。成叶深绿色，卵形，长约 7.3cm，宽约 3.5cm，不裂，纸质，光滑无毛，侧脉 5~6对；叶柄绿色略带紫色，长约 2.5cm，中被毛；叶基偏斜，叶尖渐尖；叶缘平整，单锯齿尖锐，密集。

　　开花量中等，花期 4 月中旬；伞形花序，有花 4~5 朵。花蕾大红色，单瓣花白色，边缘带红色，具香味，花冠直径约 3.0cm；花瓣 5，椭圆形，边缘内卷，先端圆钝。花梗绿色，长约 1.9cm，直立，密被毛。花丝白色，花药淡黄色，雄蕊约 20；花柱 4，黄绿色，中被毛，雌蕊高于雄蕊。萼片绿色，密被毛；萼筒红棕色，疏被毛；萼片三角状卵形，花与萼筒等长。果量中等，果期较长；果实向阳侧颜色深为橙红色，背阳侧偏绿色，圆球形，纵径约 1.72cm，横径约 1.80cm；果梗紫红色，长约 3.0cm，被毛，直立；萼片宿存。

30 垂枝麦当娜 *Malus* 'Weeping Madonna'

　　大灌木，树高 1.5~2m，树冠开展，近似半球形或呈圆柱形。枝条下垂，无刺状短枝，枝条密度中等；新枝紫褐色，老枝棕褐色；树皮棕褐色。幼叶鲜绿色，叶表面密被毛，背面中被毛，不裂，叶缘鲜绿色。成叶深绿色，长椭圆形，长约 6.9cm，宽约 4.0cm，不裂，革质，光滑无毛，侧脉 5 对；叶柄绿色略带紫色，长约 2.5cm，中被毛；叶基楔形，叶尖长渐尖；叶缘波浪形，单锯齿尖锐，密集。

　　开花量中等，花期 4 月上中旬，超过 10 天；伞形花序，有花 5~6 朵。花蕾大红色，单瓣花白色（花瓣背面部分带点粉），具香味，花冠直径约 4.4cm；花瓣 5，倒卵形，边缘内卷，先端圆钝。花梗紫红色，长约 4.1cm，直立，疏被毛。花丝白色，花药黄色，雄蕊约 22；花柱 4，黄绿色，中被毛，雌蕊与雄蕊等高或略长于雄蕊。萼片绿色，萼筒紫红色，均中被毛；萼片披针形，长于萼筒。果量少，8 月落果；果实黄绿色至暗红色，圆球形，较小，纵径约 1.23cm，横径约 1.18cm；果梗黄绿色，长约 2.9cm，被毛，下垂；萼片脱落。

31 美果海棠 *Malus* ×*zumi* 'Calocarpa'

小乔木或大灌木，树高 1.4~2m，树形直立，树冠开展似塔形。枝条直立或斜出，无刺状短枝，枝条密度中等；新枝红褐色，老枝灰褐色；树皮褐色。幼叶鲜绿色，中被毛，掌状 5 浅裂，叶缘鲜绿色。成叶深绿色，卵形，长约 6.2cm，宽约 2.1cm，不裂，革质，光滑无毛，侧脉 3 对；叶柄浅绿色，长约 2.5cm，疏被毛；叶基楔形，叶尖渐尖；叶缘波浪形，单锯齿尖锐，稀疏。

开花量较大，花期 4 月上中旬；伞形花序，有花 6~9 朵。花蕾玫红色，单瓣花白色，具香味，花冠直径约 2.8cm；花瓣 5，倒卵形，边缘内卷，先端圆钝。花梗绿色，长约 2.5cm，部分下垂，疏被毛。花丝白色，花药淡黄色，雄蕊约 24；花柱 4，黄绿色，疏被毛，雌蕊矮于雄蕊。萼片绿色，中被毛；萼筒红棕色，疏被毛；萼片长三角状卵形，长于萼筒。果量较小，挂

果至深秋；果实暗紫红色，圆球形，果较小，纵径约 0.94cm，横径约 1.02cm；果梗红褐色，长约 2.9cm，光滑无毛，下垂；萼片脱落。

二、红花单瓣品种群

32 丽格

Malus 'Regal'

乔木，树高 4.5~7m，树形直立向上，树冠呈倒三角形或杯形。枝条直立或斜出，刺状短枝明显，枝条密度中等；新枝绿褐色，老枝棕褐色；树皮灰褐色。幼叶鲜绿色，疏被毛，不裂，叶缘鲜绿色。成叶深绿色，长椭圆形，长约 6.2cm，宽约 3.1cm，不裂，纸质，光滑无毛，侧脉 3 对；叶柄绿色，长约 2.4cm，疏被毛；叶基楔形，叶尖渐尖；叶缘波浪形，单锯齿圆钝，密集。

开花量较小，花期 4 月上中旬；伞形花序，有花 4~6 朵。花蕾粉红色，单瓣花粉白色，香味较为浓郁，花冠直径约 3.8cm；花瓣 5，近圆形，边缘内卷，先端圆钝。花梗绿色，长约 2.8cm，直立，疏被毛。花丝白色，花药黄色，雄蕊约 11；花柱 5，黄绿色，疏被毛，雌蕊稍矮于雄蕊。萼片红棕色，萼筒绿色，均疏被毛；萼片披针形，长于萼筒。果量少，果期短，在 6~7 月；果实黄绿色，圆球形，果大，纵径约 1.46cm，横径约 1.33cm；果梗黄绿色，长约 3.2cm，光滑无毛，直立；萼片脱落。

33 粉芽

Malus 'Pink Spire'

（别名：粉屋顶、粉红楼阁）

　　小乔木，树高 4~6m，树形直立向上，树冠呈倒卵形。枝条斜出，无刺状短枝，枝条密度中等；新枝红色，老枝红褐色；树皮黄褐色。幼叶紫红色，疏被毛，不裂，叶缘紫红色。成叶深绿色，长椭圆形，长约 6.4cm，宽约 3.9cm，不裂，革质，光滑无毛，侧脉 3对；叶柄绿色略带紫色，长约 1.9cm，疏被毛；叶基圆形或宽楔形，叶尖渐尖；叶缘波浪形，重锯齿圆钝，密集。

　　开花量大，花型饱满繁茂，花期 4 月上中旬；伞形花序，有花 4~6 朵。花蕾大红色，单瓣花粉白色，具香气，花冠直径约4.6cm；花瓣 4~5，倒卵形，边缘平展，先端圆钝。花梗紫红色，长约 2.7cm，直立，光滑无毛。花丝粉白色，花药黄色，雄蕊约20；花柱 4（5），黄绿色，疏被毛，雌蕊与雄蕊近等长。萼片紫红色，疏被毛；萼筒红棕色，光滑无毛；萼片披针形，与萼筒等长或稍短于萼筒。果量大，果实宿存至冬季；果实亮红色，扁球形，纵径约 1.01cm，横径约 1.25cm；果梗黄色带红色，长约 3.2cm，光滑无毛，直立；萼片脱落。

34 金蜂

Malus 'Golden Hornet'

（别名：金胡蜂、金黄蜂）

　　小乔木，树高 2.5~3m，最高可达 8m，树形直立向上，树冠呈不规则伞形或倒卵形。枝条斜出，有刺状短枝但不多，枝条较密；新枝棕褐色，老枝灰绿色；树皮灰褐色。幼叶绿色略带红褐色，中被毛，不裂，叶缘鲜绿色。成叶深绿色，卵形，长约 7cm，宽约 4.5cm，不裂，纸质，光滑无毛，侧脉 3 对；叶柄绿色略带紫色，长约 2.6cm，疏被毛；叶基楔形，叶尖渐尖；叶缘波浪形，混合锯齿圆钝，密集。

　　开花量极大，花朵繁茂，花型饱满亮丽，花期 3 月末至 4 月中旬；伞形花序，有花 7 朵。花蕾玫红色，单瓣花粉白色，无香气，花冠直径约 3.2cm；花瓣 5，近圆形，边缘平展，先端圆钝。花梗绿色，长约 2.8cm，部分直立，疏被毛。花丝白色，花药黄色，雄蕊约 19；花柱 5，黄绿色，疏被毛，雌蕊矮于雄蕊。萼片与萼筒均为绿色，萼片疏被毛，萼筒中被毛；萼片披针形，长于萼筒。果量大，果实宿存至晚秋；果实金黄色至暗红色，扁球形，纵径约 1.77cm，横径约 2.01cm；果梗黄绿色至暗红色，长约 1.6cm，被毛，下垂；萼片部分脱落。

火焰

Malus 'Flame'

小乔木，树高 4~6m，冠幅 2.5m 左右，树形直立向上，树冠似圆柱形。枝条直立，无刺状短枝，枝条密集；新枝黄绿色，老枝棕褐色；树皮黄褐色。幼叶绿色，疏被毛，不裂，叶缘紫红色。成叶深绿色，宽椭圆形，长约 5.9cm，宽约 4.6cm，不裂，纸质，光滑无毛，侧脉 5 对；叶柄绿色略带紫色，长约 2.7cm，疏被毛；叶基楔形，叶尖渐尖；叶缘波浪形，混合锯齿尖锐，密集。

开花量大，花型饱满亮丽，花期 4 月中旬；伞形花序，有花 4~6 朵。花蕾玫红色，单瓣花玫红色，香气较浓，花冠直径约 4.5cm；花瓣 5，卵圆形，边缘平展，先端圆钝。花梗绿色，长约 2.1cm，直立，疏被毛。花丝白色，花药黄色，雄蕊约 17；花柱 4 （5），黄绿色，密被毛，雌蕊矮于雄蕊。萼片与萼筒为均为红棕色，且均密被毛；萼片三角状卵形至披针形，长于萼筒。果量少，果熟期 8 月，果实经冬不落；果实朝阳面红色，背阳面绿色，倒锥形，较大，纵径约 2.01cm，横径约 1.68cm；果梗红色，长约 1.6cm，被毛，下垂；萼片部分脱落。

36 红玉

Malus 'Red Jade'
（别名：红玉石、红翡翠）

　　小乔木，树高约 3.5m，树形开展且下垂，树冠呈伞形。枝条水平下垂，具刺状短枝但不明显，枝条密集；新枝红棕色，老枝黄褐色；树皮黄褐色。幼叶鲜绿色，疏被毛，不裂，叶缘鲜绿色。成叶浅绿色，卵形，长约 7.5cm，宽约 4.2cm，不裂，革质，光滑无毛，侧脉 3~4 对；叶柄绿色，长约 2.9m，疏被毛；叶基圆形，叶尖长渐尖；叶缘波浪形，单锯齿尖锐，密集。

　　开花量较大，花期 4 月中旬；伞形花序，有花 4~7 朵。花蕾大红色，单瓣花粉白色，具香气，花冠直径约 4.5cm；花瓣 5，倒卵形，边缘褶皱，先端圆钝。花梗绿色，长约 3.0cm，下垂，疏被毛。花丝白色，花药黄色，雄蕊约 16；花柱 4，黄绿色，疏被毛，雌蕊与雄蕊近等高。萼片绿色，疏被毛；萼筒红棕色，光滑无毛；萼片披针形，长于萼筒。果量少，果实经冬不落；果实亮红色，卵圆形，表面有斑点，纵径约 1.43cm，横径约 1.23cm；果梗黄绿色，长约 3.8cm，光滑无毛，下垂；萼片脱落。

印第安之夏

Malus 'Indian Summer'

大灌木，树高 1.5~2m，树形开展，树冠近似圆形。枝条直立或斜出，无刺状短枝，枝条稀疏；新枝紫红色，老枝棕红色；树皮紫棕色。幼叶棕褐色，密被毛，不裂，叶缘鲜绿色。成叶深绿色，椭圆形，长约 6.8cm，宽约 3.8cm，不裂，纸质，光滑无毛，侧脉 4 对；叶柄浅绿色，长约 3.0m，疏被毛；叶基楔形，叶尖长渐尖；叶缘波浪形，单锯齿尖锐，密集。

　　开花量小，花期4月上中旬；伞形花序，有花5朵。花蕾大红色，单瓣花粉白色，具香气，花冠直径约5.1cm；花瓣5，椭圆形，边缘内卷且褶皱，先端圆钝。花梗红褐色，长约3.3cm，直立，疏被毛。花丝白色，花药姜黄色，雄蕊约21；花柱5，黄绿色，中被毛，雌蕊矮于雄蕊。萼片绿色尖带红色，中被毛；萼筒暗紫红色，光滑无毛；萼片长三角状卵形，长于萼筒。果量少，9月末落果；果实亮橘红色，圆球形，纵径约1.35cm，横径约1.34cm；果梗紫红色，长约2.8cm，被毛，下垂；萼片脱落。

38 森林苹果

Malus 'Sylvestris'

小乔木或大灌木，树高4~8m，树形开展，树冠呈圆形。枝条直立或斜出，无刺状短枝，枝条密集；新枝绿褐色，老枝淡褐色至黄褐色；树皮深灰色。幼叶鲜绿色，密被毛，不裂，叶缘鲜绿色。成叶深绿色，卵圆形或近圆形，长约6.5cm，宽约4.1cm，不裂，纸质，光滑无毛，侧脉3对；叶柄浅绿色，长约2.8m，密被毛；叶基偏斜，叶尖渐尖；叶缘波浪形，单锯齿尖锐，密集。

　　开花量小，花期 3 月末至 4 月上旬；伞形花序，有花 3~4 朵。花蕾大红色，单瓣花粉白色，无香气，花冠直径约 3.4cm；花瓣 5，椭圆形，边缘内卷且褶皱，先端圆钝。花梗绿色带紫红色，长约 3.2cm，直立，中被毛。花丝白色，花药黄色，雄蕊约 13；花柱 5，黄绿色，疏被毛，雌蕊矮于雄蕊。萼片与萼筒均为绿色，均密被毛；萼片长三角状卵形，长于萼筒。果量少，果熟期 10~11 月，遭鸟啄严重；果实红色或黄色，扁球形，纵径约 2.34cm，横径约 2.48cm；果梗红色，长约 3.7cm，光滑无毛，下垂；萼片脱落。

39 胖子

Malus 'Butterball'
（别名：黄油果）

　　小乔木或大灌木，树高 2.5~3m，最高可达 8m，树形直立向上，树冠似塔形。枝条直立，无刺状短枝，枝条稀疏；新枝紫红色，老枝棕褐色；树皮黄褐色。幼叶鲜绿色，密被毛，掌状 1~3 浅裂，叶缘鲜绿色。成叶深绿色，卵形，长约 5.3cm，宽约 3.5cm，不裂，革质，叶表面疏被毛，背面中被毛，侧脉 4~5 对；叶柄绿色，长约 1.5cm，中被毛；叶基截形，叶尖渐尖；叶缘波浪形，单锯齿圆钝，密集。

　　开花量很小，花期 4 月初至中旬；伞形花序，有花 4~6 朵。花蕾大红色，单瓣花粉白色，香味较浓郁，花冠直径约 3.4cm；花瓣 5，近圆形，边缘内卷，先端圆钝。花梗黄绿色，长约 3.2cm，下垂，疏被毛。花丝白色，花药淡黄色，雄蕊约 19；花柱 5，黄绿色，中被毛，高于雄蕊。萼片与萼筒均为绿色，均中被毛；萼片三角状卵形，与萼筒等长或长于萼筒。果量少，9 月末落果；果实橙黄色，扁球形，果大，纵径约 2.46cm，横径约 2.92cm；果梗橙黄色，长约 3.3cm，被毛，下垂；萼片脱落。

时光秀

Malus 'Show Time'

乔木，树高 1.75~2.5m，树形直立，树冠呈不对称圆形。枝条不对称斜出，具少量刺状短枝，枝条稀疏；新枝紫红色，老枝红褐色；树皮紫棕色。幼叶紫红色，光滑无毛，掌状 3 浅裂，叶缘紫红色。成叶深绿色，长椭圆形，长约 6.5cm，宽约 2.5cm，不裂，革质，光滑无毛，侧脉明显 4 对；叶柄绿色略带紫色，长约 1cm，疏被毛；叶基楔形，叶尖长渐尖；叶缘波浪形，单锯齿圆钝，密集。

开花量大，花期 4 月上中旬；伞形花序，有花 5~8 朵。花蕾大红色，单瓣花紫红色，具香味，花冠直径约 4.1cm；花瓣 5，卵圆

形，边缘平展，先端圆钝。花梗紫红色，长约 3.2cm，直立，光滑无毛。花丝紫红色，花药红褐色，雄蕊约 17；花柱 5，紫红色，疏被毛，与雄蕊等高或略矮于雄蕊。萼片红褐色，疏被毛；萼筒暗紫红色，光滑无毛；萼片长三角状卵形至披针形，长于萼筒。果量少，果期 5~8 月；果实亮红色，扁球形（大小不一），纵径约 1.08m，横径约 1.21cm；果梗亮红色，长约 2.8cm，光滑无毛，下垂；萼片脱落。

41 草莓果冻 *Malus 'Strawberry Jelly'*

小乔木或大灌木，树高 1.8~2.8m，树形挺拔，半开展，树冠呈倒卵形。枝条轻微开展斜出，刺状短枝明显，枝条密度中等；新枝红褐色，老枝红褐色；树皮黄褐色至红褐色。幼叶紫红色，叶表面密被毛，叶背面疏被毛，不裂，叶缘紫红色。成叶深绿色，卵形，长约 7.8cm，宽约 3.3cm，不裂，纸质，光滑无毛，侧脉 4 对；叶柄浅绿色，长约 3cm，疏被毛；叶基偏斜，叶尖渐尖；叶缘平整，混合锯齿尖锐，密集。

开花量大，花朵繁密，花期 3 月末至 4 月上中旬；伞形花序，有花 6~8 朵。花蕾大红色，单瓣花粉红色（花瓣中间较白、边缘较红），具香味，花冠直径约 3.3cm；花瓣 5，卵圆形，边缘褶皱，先端渐尖。花梗紫红色，长约 2.2cm，部分直立，中被毛。花丝粉白色，花药黄褐色，雄蕊约 20；花柱 3，粉红色至紫红色，被毛，矮于雄蕊。萼片紫鲜红色，密被毛；萼筒紫红色，光滑无毛；萼片长三角状卵形，稍长于萼筒。果量中等，冬季果实宿存；果实亮红色，扁球形，纵径约 1.15cm，横径约 1.41cm；果梗亮红色，长约 2.5cm，光滑无毛，直立；萼片脱落。

42 春之颂

Malus 'Spring Glory'

　　小乔木或灌木，树高 1.5~2.3m，树形直立斜出，树冠呈倒卵形。枝条斜出，无刺状短枝，枝条稀疏；新枝红褐色，老枝棕褐色；树皮棕褐色。幼叶棕褐色，密被毛，不裂，叶缘棕褐色。成叶深绿色，宽椭圆形，长约 7.8cm，宽约 4.6cm，不裂，纸质，光滑无毛，侧脉 5~6 对；叶柄绿色略带紫色，长约 4.0cm，疏被毛；叶基楔形，叶尖长渐尖；叶缘波浪形，单锯齿尖锐，密集。

　　开花量较小，花期较晚（5 月）；伞形花序，有花 6 朵。花蕾玫红色，单瓣花粉红色，具香味，花冠直径约 3.4cm；花瓣 5，椭圆形，边缘内卷，先端圆钝或渐尖。花梗紫红色，长约 4.1cm，直立，疏被毛。花丝粉白色，花药姜黄色，雄蕊约 20；花柱 5，粉红色，中被毛，矮于雄蕊。萼片绿色尖带紫红色，中被毛；萼筒红褐色，光滑无毛；萼片长三角状卵形，长于萼筒。果量较小，果期 6 月至 8 月中旬；果实亮红色，倒锥形，纵径约 1.58cm，横径约 1.44cm；果梗亮红色，长约 2.8cm，光滑无毛，下垂；萼片脱落。

43 红衣主教 *Malus* 'Cardinal'

　　小乔木，树高 1.8~3.5m，树形似塔形。枝条近水平斜出，树上端枝条短而少，无刺状短枝，枝条稀疏；新枝紫褐色，老枝紫褐色；树皮灰褐色。幼叶紫红色，密被毛，不裂，叶缘紫红色。成叶深绿色，卵形，长约 6.8cm，宽约 3.4cm，不裂，纸质，光滑无毛，侧脉明显 3 对；叶柄绿色略带紫色，长约 2.1cm，疏被毛；叶基楔形，叶尖部分凹缺或渐尖；叶缘波浪形，单锯齿尖锐，密集。

　　开花量大，花期 4 月中旬；伞形花序，有花 4~5 朵。花蕾紫红色，单瓣花粉红色，花具香味，花冠直径约 4cm；花瓣 5，椭圆形，边缘内卷，先端圆钝。花梗紫红色，长约 3.1cm，下垂，疏被毛。花丝粉红色，花药淡黄色，雄蕊约 17；花柱 3，淡紫红色，被毛，与雄蕊等高。萼片紫红色，萼筒紫红色，均被毛；萼片三角状卵形，与萼筒近等长。果量大，冬季宿存；果实亮红色，扁球形，纵径约 1.14cm，横径约 1.41cm；果梗红色，长约 2.96cm，光滑无毛，下垂；萼片脱落。

44 马凯米克

Malus 'Makamik'

小乔木或大灌木，树高最高可达6m，冠幅可达4~6m，树形直立开展，树冠呈倒卵形。枝条斜出，无刺状短枝，枝条密度中等；新枝紫红色，老枝紫红色；树皮棕褐色。幼叶鲜绿色，光滑无毛，不裂，叶缘鲜绿色。成叶深绿色，椭圆形，长约6.5cm，宽约4.5cm，不裂，纸质，光滑无毛，侧脉明显3对；叶柄绿色，长约1.8cm，疏被毛；叶基楔形，叶尖渐尖；叶缘平整，重锯齿尖锐，密集。

开花量较大，3月末始花；伞形花序，有花5~6朵。花蕾大红色，单瓣花粉红色，香味浓郁，花冠直径约3.8cm；花瓣5，椭圆形，边缘内卷，先端圆钝。花梗绿色带紫色，长约3.6cm，部分下垂，疏被毛。花丝白色，花药黄褐色，雄蕊约20；花柱5，黄绿色，疏被毛，与雄蕊等高。萼片红棕色，萼筒紫红色，均疏被毛；萼片披针形，与萼筒近等长或稍长于萼筒。果量较少，冬季宿存；果实暗红色，球形，较大，径约2cm；果梗紫红色，长约3.3cm，光滑无毛，下垂；萼片宿存。

45 龙游路易莎 *Malus* 'Louisa Contort'

　　乔木，树高 1.4~2m，树形自然。枝条下垂似柳条，无刺状短枝，枝条稀疏；新枝红褐色，老枝棕褐色；树皮棕褐色。幼叶鲜绿色，疏被毛，掌状 3 浅裂，叶缘鲜绿色。成叶深绿色，宽椭圆形，长约 8.5cm，宽约 4.3cm，不裂，革质，光滑，侧脉明显 4 对；叶柄浅绿色，长约 3.2cm，疏被毛；叶基楔形，叶尖渐尖；叶缘波浪形，重锯齿尖锐，密集。

　　开花量中等，花期 3 月末至 4 月上旬；伞形花序，有花 4~5 朵。花蕾大红色，单瓣花粉红色，具香味，花冠直径约 3.4cm；花瓣 5，近圆形，边缘内卷，先端圆钝。花梗一侧红一侧绿色，长约 2.1cm，下垂，疏被毛。花丝白色，花药淡黄色，雄蕊约 21；花柱 4，黄绿色，疏被毛，高

于雄蕊。萼片绿色，密被毛；萼筒紫红色，疏被毛；萼片三角状卵形，与萼筒等长或略长于萼筒。果量中等；果实亮红色，卵圆形，纵径约 1.41m，横径约 1.05cm；果梗红棕色，长约 3.3cm，光滑无毛，下垂；萼片脱落。

46 内维尔柯普曼 *Malus* ×*purpurea* 'Neville Copeman'

　　小乔木或大灌木，树高 2.8~3.8m，最高可达 9m，树冠开展呈倒卵形至半圆形。枝条斜出，无刺状短枝，枝条密度中等；新枝紫褐色，老枝紫褐色；树皮黄褐色。幼叶紫红色，中被毛，不裂，叶缘紫红色。成叶深绿色，椭圆形，长约 7.2cm，宽约 3.5cm，不裂，纸质，光滑无毛，侧脉明显 3 对；叶柄绿色略带紫色，长约 4.1cm，疏被毛；叶基楔形，叶尖渐尖；叶缘波浪形，混合锯齿尖锐，密集。

　　花朵繁密，花期 4 月初至中旬；伞形花序，有花 7 朵。花蕾大红色，单瓣花紫红色，具香味，花冠直径约 3.0cm；花瓣 5，卵圆

形，边缘褶皱，先端圆钝。花梗紫红色，长约 3.4cm，直立，密被毛。花丝白色，花药黄色，雄蕊约 18；花柱 4，黄绿色，密被毛，矮于雄蕊。萼片绿色，萼筒紫红色，均被毛；萼片披针形，与萼筒近等长。果量小，果期6~8 月；果实亮紫红色，圆球形，径约 2.16cm；果梗紫红色，长约 1.84cm，光滑无毛，下垂；萼片脱落。

罗宾逊

Malus 'Robinson'

小乔木或大灌木，树高约4m，冠幅5~6m，树形开展，两侧不对称，呈倒卵扇形。枝条斜出，无刺状短枝，枝条密集；新枝紫红色，老枝红棕色；树皮紫棕色。幼叶紫红色，密被毛，不裂，叶缘紫红色。成叶浅绿色，长椭圆形，长约4.5cm，宽约2.3cm，不裂，纸质，光滑无毛，侧脉4~6对；叶柄绿色略带紫色，长约2.8cm，疏被毛；叶基楔形，叶尖渐尖；叶缘平整，重锯齿尖锐，密集。

开花量大，花朵繁密，开花较早，3月末至4月上旬；伞形花序，有花4~5朵。花蕾紫红色，花单瓣紫红色，具香味，花冠直径约3.5cm；花瓣5，卵圆形，边缘内卷，先端圆钝。花梗红褐色，长约3.0cm，直立，密被毛。花丝粉白色，花药黄褐色，雄蕊约20；花柱4，黄绿色，密被毛，矮于雄蕊。萼片与萼筒均为紫红色，均密被毛；萼片三角状卵形，与萼筒近等长或稍长于萼筒。果量中等，果期6~9月；果实亮红色，圆球形，纵径约1.38cm，横径约1.45cm；果梗亮红色，长约3.5cm，光滑，下垂；萼片脱落。

48 薄荷糖 *Malus* 'Candymint'

大灌木，树高 1.2~1.5m，较矮，树形直立，不对称。枝条水平斜出，部分下垂，无刺状短枝，枝条稀疏；新枝紫红色，老枝红褐色；树皮棕褐色。幼叶棕褐色，叶表面密被毛，背面疏被毛，不裂，叶缘棕褐色。成叶深绿色，椭圆形，长约 7.6cm，宽约 2.5cm，不裂，纸质，光滑无毛，侧脉 3 对；叶柄绿色略带紫色，长约 3.5cm，疏被毛；叶基楔形，叶尖渐尖；叶缘波浪形，单锯齿尖锐，密集。

开花量较大，花朵饱满，花期 4 月上中旬；伞形花序，有花 5~6 朵。花蕾玫红色，单瓣花粉红色，具香味，花冠直径约 3.3cm；花瓣 5，近圆形，边缘平展，先端圆钝。花梗紫红色，长约 3cm，部分下垂，光滑无毛。花丝玫红色，花药黄色，雄蕊约 21；花柱 4，粉红色至黄绿色，中被毛，高于雄蕊。萼片红褐色，中被毛；萼筒暗紫红色，光滑无毛；萼片三角状卵形，长于萼筒。果量中等，果期 7~10 月；果实暗紫红色，扁球形，较小，纵径约 0.98cm，横径约 1.11cm；果梗暗红色，长约 2.8cm，光滑无毛，下垂；萼片脱落。

49 五月欢歌 *Malus* 'May's Delight'

小乔木或大灌木，树高 3.5~4m，树形开展，近似圆柱形。枝条斜出，无刺状短枝，枝条稀疏；新枝紫红色，老枝红棕色；树皮红棕色。幼叶紫红色，密被毛，不裂或掌状 1~3 浅裂，叶缘紫红色。成叶深绿色，椭圆形，长约 7.3cm，宽约 3.4cm，不裂，纸质，光滑无毛，侧脉 4 对；叶柄绿色略带紫色，长约 2.7cm，中被毛；叶基楔形，叶尖渐尖；叶缘平整，单锯齿尖锐，密集。

开花量大，花朵极其繁密，花期 4 月上中旬；伞形花序，有花 5~7 朵。花蕾大红色，单瓣花粉红色（花瓣中间较白，边缘较红），具香味，花冠直径约 2.9cm；花瓣 5，卵圆形，边缘褶皱，先端圆

钝。花梗紫红色，长约 2.5cm，部分直立，中被毛。花丝白色，花药黄褐色，雄蕊约 21；花柱 5，黄绿色，被毛，高于雄蕊。萼片紫红色，中被毛；萼筒暗紫红色，疏被毛；萼片长三角状卵形，与萼筒近等长或稍长于萼筒。果量较小，果期 6~9 月；果实亮红色，扁球形，纵径约 0.87cm，横径约 0.99cm；果梗亮红色，长约 1.9cm，被毛，下垂；萼片脱落。

粉红公主

Malus 'Pink Princess'

大灌木，树高约 1.7m，较矮，树形近似圆柱形。枝条直立或水平，无刺状短枝，枝条稀疏；新枝红棕色，老枝棕褐色；树皮棕褐色。幼叶紫红色，密被毛，不裂，叶缘紫红色。成叶深绿色，长椭圆形，长约 6.4cm，宽约 4.5cm，不裂，纸质，叶表面疏被毛，背面密被毛，侧脉 3~4 对；叶柄紫红色，长约 0.8cm，中被毛；叶基楔形，叶尖长渐尖；叶缘平整，混合锯齿圆钝，稀疏。

开花量中等，花朵饱满，花期 4 月上中旬；伞形花序，有花5~6 朵。花蕾玫红色，单瓣花粉红色，具香味，花冠直径约 2.9cm；花瓣 5，椭圆形，边缘平展，先端圆钝。花梗紫红色，长约 2.2cm，

部分下垂，疏被毛。花丝白色，花药黄色，雄蕊约20；花柱4，黄紫色，疏被毛，与雄蕊近等高或略高于雄蕊。萼片紫红色，萼筒暗紫红色，均密被毛；萼片长三角状卵形，长于萼筒。果量中等，7月中旬落果；果实暗紫红色，圆球形，径约1.37cm；果梗暗紫红色，长约2.6cm，光滑无毛，部分下垂；萼片脱落。

51 琥珀

Malus 'Hopa'

（别名：红心子、霍巴、豪帕）

乔木，树高 3~4.5m，最高可达 10m，树形挺拔开展，树冠近似宽倒卵形。枝条直立或斜出，无刺状短枝，枝条密集；新枝红褐色，老枝黄褐色；树皮灰绿色。幼叶紫红色，中被毛，不裂，叶缘紫红色。成叶深绿色，长椭圆形，长约 6.9cm，宽约 4.2cm，不裂，革质，光滑无毛，侧脉 3~5 对；叶柄绿色，长约 2.9cm，疏被毛；叶基宽楔形，叶尖渐尖；叶缘波浪形，混合锯齿尖锐，密集。

开花量较大，花朵繁茂，花期 4 月上中旬；伞形花序，有花 4~8 朵。花蕾紫红色，单瓣花粉红色，具香味，花冠直径约 4.7cm；花瓣 5，卵圆形，边缘平展，先端圆钝。花梗紫红色，长约 3.1cm，直立，密被毛。花丝粉白色，花药黄色，雄蕊约 19；花柱 4，黄色，密被毛，与雄蕊近等高或略矮于雄蕊。萼片与萼筒均为绿色，均疏被毛；萼片披针形至三角状卵形，与萼筒等长。果量大，果实经冬不落；果实鲜红色，圆球形，纵径约 1.51cm，横径约 1.56cm；果梗鲜红色，长约 2.7cm，光滑无毛，下垂；萼片脱落。

52 皇家宝石

Malus 'Royal Gem'

大灌木，树高约 1.5m，较矮，树形直立紧凑，树冠呈倒卵形。枝条直立，无刺状短枝，枝条稀疏；新枝紫红色，老枝紫褐色；树皮灰褐色。幼叶紫红色，密被毛，不裂，叶缘紫红色。成叶深绿色，长椭圆形，长约 7.2cm，宽约 4.3cm，不裂，纸质，叶表面疏被毛，叶背面密被毛，侧脉 3~4 对；叶柄紫红色，长约 2.5cm，中被毛；叶基楔形，叶尖长渐尖；叶缘波浪形，混合锯齿圆钝，密集。

　　开花量小，集中于枝顶，花期 3 月下旬至 4 月中旬；伞形花序，有花 3 朵。花蕾大红色，单瓣花粉红色，无香味，花冠直径约 3.3cm；花瓣 5，卵圆形，边缘平展，先端圆钝。花梗暗紫红色，长约 2.4cm，直立，光滑无毛。花丝粉红色，花药黄褐色，雄蕊约 14；花柱 5，黄绿色，疏被毛，矮于雄蕊。萼片红褐色，疏被毛；萼筒紫红色，密被毛；萼片长三角状卵形，短于萼筒。果量少，8 月落果；果实大红色，扁球形，被毛，纵径约 1.92cm，横径约 2.16cm；果梗大红色，长约 2.4cm，被毛，部分下垂；萼片脱落。

53 高原之火

Malus 'Prairie Fire'

（别名：高原红）

乔木，高 3~6m，树形直立开放，树冠呈卵圆形。枝条斜出，无刺状短枝，枝条稀疏；新枝红色，老枝红褐色；树皮紫棕色。幼叶紫红色，疏被毛，掌状 3 浅裂，叶缘紫红色。成叶绿色带紫，卵状椭圆形，长约 6.5cm，宽约 2.6cm，不裂，革质，光滑无毛，侧脉 3 对；叶柄紫红色，长约 1.9cm，被毛；叶基楔形，叶尖渐尖；叶缘波浪形，混合锯齿圆钝，稀疏。

开花量大，花期 4 月上中旬；伞形花序，有花 4~6 朵。花蕾暗紫红色，单瓣花紫红色，无香味，花冠直径约 3.1cm；花瓣 4 或 5，近圆形，边缘内卷，先端圆钝。花梗紫红色，长约 3.2cm，光滑，直立。花丝紫红色，花药黄色带点红，雄蕊约 20；花柱 4 稀 3，紫红色，疏被毛，稍矮于雄蕊。萼片紫红色，被毛；萼筒暗紫红色，光滑；萼片披针形，长于萼筒。果量大，果期 6~10 月，挂果期长；果实深紫红色，椭圆形，纵径约 1.23cm，横径约 1.14cm；果梗橘红色，长约 2.6cm，下垂；萼片脱落。

印第安魔术

Malus 'Indian Magic'
（别名：印度海棠）

小乔木或灌木，高 4~6m，树形直立，树冠开放圆形。枝条近水平斜出，无刺状短枝，枝条密集；新枝红色，老枝酒红色；树皮灰白色。幼叶绿色带紫红色，密被毛，不裂，叶缘棕褐色。成叶深绿色，卵状椭圆形，长约 6cm，宽约 3cm，不裂，纸质，光滑无毛，侧脉 4~5 对；叶柄紫红色，长约 3.5cm，被毛；叶基宽楔形，叶尖渐尖；叶缘平整，重锯齿圆钝，密集。

　　开花量极大，花期 4 月初；伞形花序，有花 4~5 朵。花蕾暗紫红色，单瓣花紫红色，具香气，花冠直径约 3.2cm；花瓣 5，椭圆形，边缘内卷皱缩，先端圆钝。花梗绿色，长约 2.2cm，被毛，直立。雄蕊约 22，花丝白色，花药黄色；花柱 4，黄绿色，光滑，与雄蕊近等长。萼片与萼筒均为紫红色，均被毛；萼片披针形至三角状卵形，与萼筒近等长或略短于萼筒。果量大，冬季宿存；果实橘黄色，橄榄形，果径 1~1.2cm；果梗橘黄色，长约 3cm，无毛，下垂；萼片脱落。

55 天鹅绒柱

Malus 'Velvet Pillar'

　　乔木，树高约 2m，树形直立向上，树冠近似圆柱形。枝条直立斜出，无刺状短枝，枝条稀疏；新枝紫红色，老枝红褐色；树皮棕褐色。幼叶紫红色，疏被毛，不裂，叶缘紫红色。成叶绿色略带紫色，长椭圆形，长约 7cm，宽约 2cm，不裂，纸质，疏被毛，侧脉 4 对；叶柄紫红色，长约 2cm，疏被毛；叶基楔形，叶尖长渐尖；叶缘平整，单锯齿圆钝，密集。

　　开花量小，花期3月末至4月中旬；伞形花序，有花5朵。花蕾紫红色，单瓣花紫红色，具香气，花冠直径约2.8cm；花瓣5，椭圆形、边缘内卷，先端内凹如同心形。花梗紫红色，长约3.1cm，疏被毛，下垂。花丝粉红色，花药淡黄色，雄蕊约15；花柱4，淡黄色，疏被毛，高于雄蕊。萼片紫红色，萼筒紫黑色，均疏被毛；萼片三角状卵形，与萼筒近等长或略长于萼筒。果量小；果实酱红色，卵圆形，纵径约1.11cm，横径约1.35cm；果梗紫红色，长约2.8cm，下垂；萼片宿存。

56 皇家美人 *Malus* 'Royal Beauty'

乔木，树高 1.4~2.5m，树形直立向上，树冠倒卵形。枝条斜出，无刺状短枝，枝条稀疏；新枝红棕色，老枝棕褐色；树皮棕褐色。幼叶棕褐色，叶表面密被毛，背面疏被毛，不裂，叶缘棕褐色。成叶绿色，叶缘淡紫色，卵形，长约 7.8cm，宽约 4.7cm，不裂，革质，光滑无毛，侧脉 4~5 对；叶柄绿色略带紫色，长约 2.5cm，疏被毛，叶基宽楔形，叶尖渐尖；叶缘平整，单锯齿尖锐，密集。

开花量中等，花期 4 月上中旬；伞形花序，有花 5 朵。花蕾紫红色，单瓣花紫红色，具香气，花冠直径约 3.7cm；花瓣 5，椭圆形，边缘褶皱，先端圆钝。花梗紫红色，长约 1.7cm，光滑，直立。雄蕊约 23，花丝白色，花药姜黄色；花柱 4，黄绿色，密被毛，矮于雄蕊。萼片与萼筒均为紫红色，均密被毛；萼片披针形，长于萼筒。果量中等，果期 6~7 月；果实深红色，扁球形，纵径约 1.21cm，横径约 1.42cm；果梗紫红色，长约 2cm，被毛，直立，萼片脱落。

57 洋溢

Malus 'Radiant'

（别名：光辉海棠、辐射）

  乔木，高 4.5~7m，树形紧凑直立，树冠近圆柱形。枝条直立，微斜出，有刺状短枝，枝条较密；新枝紫红色，老枝棕红色；树皮棕绿色。幼叶紫红色，密被毛，不裂，叶缘紫红色。成叶绿色，卵形，长约 6.8cm，宽约 3.4cm，不裂，纸质，光滑无毛，侧脉 3 对；叶柄绿色略带紫色，长约 2.5cm，疏被毛，叶基钝形，叶尖渐尖；叶缘波浪形，单锯齿尖锐，密集。

　　开花量较大，花期3月底至4月中旬；伞形花序，有花3~5朵。花蕾紫红色，单瓣花紫红色至淡紫色，具香气，花冠直径约3.1cm；花瓣5，倒卵形，边缘内卷，先端圆钝。花梗紫红色，长约3.9cm，密被毛，直立。花丝紫红色，花药黄色，雄蕊约20；花柱5（4），紫红色，密被毛，略矮于雄蕊。萼片与萼筒均为紫红色，均密被毛；萼片披针形，与萼筒近等长。果量大，果期6~10月；果实亮红色，被白粉，灯笼形（倒锥形），纵径约1.55cm，横径约1.3cm；果梗亮红色，长约3.56cm，光滑无毛，下垂，萼片宿存。

58 丰盛

Malus 'Profusion'
（别名：丰富、盛花、多花）

乔木，树高与冠幅可达6m，树冠开展近半圆形。枝条斜出，刺状短枝明显，枝条密集；新枝紫红色，老枝棕红色；树皮棕褐色。幼叶紫红色，密被毛，不裂，叶缘紫红色。成叶紫色至绿色，椭圆形，长约7.2cm，宽约3.8cm，不裂，纸质，光滑无毛，侧脉3对；叶柄绿色，长约3.5cm，疏被毛，叶基钝形，叶尖渐尖；叶缘平整；单锯齿尖锐，密集。

开花繁密，花期4月上中旬；伞形花序，有花5~6朵。花蕾紫红色，单瓣花紫红色至淡紫色，具香气，花冠直径约3.1cm；花瓣5，椭圆形，边缘内卷，先端圆钝。花梗紫红色，长约2.7cm，密被毛，直立。花丝紫红色，花药姜黄色，雄蕊约17；花柱4，紫红色，密被毛，稍高于雄蕊。萼片与萼筒均为紫红色，均密被毛；萼片披针形，长于萼筒。果量中等，果期7~9月；果实酱紫色至暗红色，被白粉，圆球形，径1~1.5cm；果梗暗红色，长约4~4.5cm，被毛，下垂；萼片宿存。

59 李斯特

Malus 'Liset'

（别名：里赛特）

大灌木或小乔木，树高和冠幅可达 5~7m，树形直立紧凑，树冠呈倒卵形。枝条直立，无刺状短枝，枝条稀疏；新枝紫红色，老枝棕红色；树皮红褐色。幼叶紫红色，梳被毛，不裂，叶缘紫红色。成叶深绿色，叶背面绿色带紫色，椭圆形，长约 7cm，宽约 3cm，不裂，纸质，光滑无毛，侧脉 4 对；叶柄紫红色，长约 2cm，疏被毛；叶基楔形，叶尖渐尖；叶缘波浪形，单锯齿圆钝，密集。

花量小，花期 4 月中旬至 5 月上旬；伞形花序，有花 5~6 朵。花蕾与单瓣花均为紫红色，花具香气，花冠直径约 3cm；花瓣 5，

椭圆形，边缘内卷，先端圆钝。花梗紫红色，长约 3.5cm，直立，疏被毛。花丝紫红色，花药黄色，雄蕊约 18；花柱 4，紫红色，疏被毛，稍高于雄蕊。萼片紫红色，萼筒红褐色，均密被毛；萼片三角状卵形，长于萼筒。果量中等，果期 7~10 月；果实暗红色，扁球形，纵径约 1.14cm，横径约 1.29cm；果梗暗红色，长约 3.6cm，光滑，下垂；萼片脱落。

60 丰花

Malus 'Abundance'

小乔木，树高 4~5m，树形直立开放，呈椭圆形冠。枝条直立斜出或水平斜出，无刺状短枝，枝条密度中等；新枝红棕色，老枝棕褐色；树皮紫棕色。幼叶紫红色，疏被毛，不裂，叶缘紫红色。成叶深绿色，叶背面绿色带浅紫色，卵形，长约 6.5cm，宽约 4.5cm，不裂，纸质，光滑无毛，侧脉 6 对；叶柄绿色略带紫色，长约 3cm，中被毛；叶基楔形，叶尖长渐尖；叶缘波浪形，重锯齿尖锐，密集。

开花量中等，花期4月上中旬；伞形花序，有花4~6朵。花蕾玫红色，单瓣花紫红色，具香味，花冠直径约3cm；花瓣5，椭圆形，边缘内卷，先端圆钝。花梗紫红色，长约2.6cm，直立，密被毛。花丝粉红色，花药黄褐色，雄蕊约20；花柱4，紫红色，密被毛，略矮于雄蕊。萼片与萼筒均为紫红色，均密被毛；萼片披针形，长于萼筒。果量大，果期7~11月；果实深红色，圆球形，径约2.54cm；果梗深红色，约2.1cm，被毛，下垂；萼片脱落。

61 红丽

Malus 'Red Splendour'
（别名：红驹海棠）

小乔木，树高 4.5~7m，树形开展，树冠呈近圆球形或倒卵形。枝条直立，无刺状短枝，枝条较密；新枝红色，老枝棕红色；树皮红褐色。幼叶紫红色，密被毛，不裂，叶缘紫红色。成叶黄绿色，叶背面绿色带浅紫色，卵圆形，长约 6.3cm，宽约 3.2cm，不裂，纸质，光滑无毛，侧脉 4~5 对；叶柄绿色略带紫色，长约 3cm，疏被毛；叶基楔形，叶尖渐尖；叶缘波浪形，单锯齿圆钝，密集。

花量较大，花期4月上中旬；伞形花序，有花5~7朵。花蕾玫红色，单瓣花淡紫红色，具香味，花冠直径约4cm；花瓣5，近圆形，边缘褶皱，先端圆钝。花梗紫红色，长约3.3cm，直立，光滑。花丝白色，花药黄色，雄蕊约18；花柱5，黄色，光滑，与雄蕊等长或略长于雄蕊。萼片与萼筒均为紫红色；萼片密被毛，萼筒光滑无毛；萼片三角状卵形，长于萼筒。果量较大，果期8~12月；果实亮红色至橘红色，圆球形，径约1.21cm；果梗亮红色，长约2.8cm，光滑无毛，直立；萼片脱落。

62 雷蒙奥内 *Malus × purpurea* 'Lemoinei'
（别名：莱姆、勒梦尼）

　　小乔木或大灌木，树高 2.5~3m，最高可达 5~7m，树形直立，树冠呈倒三角形。枝条斜出，两侧枝条不对称，无刺状短枝，枝条密度中等；新枝红棕色，老枝紫灰色；树皮紫灰色。幼叶绿色，疏被毛，不裂，叶缘紫红色。成叶绿色，长椭圆形，长约 7cm，宽约 2.8cm，掌状 3 浅裂，革质，疏被毛，侧脉 5~6 对；叶柄紫红色，长约 1.5cm，疏被毛；叶基钝形，叶尖渐尖；叶缘波浪形，重锯齿圆钝，稀疏。

　　花量较小，4 月初始花；伞形花序，有花 5~6 朵。花蕾大红色。单瓣花紫红色，无香气，花冠直径约 4cm；花瓣 5，倒卵形，边缘内卷，先端圆钝。花梗紫红色，长约 3.2cm，直立，密被毛。花丝紫红色，花药淡黄色，雄蕊 16~20；花柱 3，紫色，疏被毛，稍高于雄蕊。萼片与萼筒均为紫红色，均密被毛；萼片长三角状卵形，与萼筒近等长。果量小，冬季宿存；果实暗红色，圆球形，径约 1.11cm；果梗暗红色，长约 1cm，光滑无毛，直立，较短；萼片宿存。

63 丽莎

Malus 'Lisa'

小乔木，树高 3.8~4.5m，树形直立开放，树冠呈倒卵形。枝条直立斜出，具刺状短枝，枝条密度中等；新枝红棕色，老枝棕褐色；树皮棕褐色。幼叶紫红色，叶表面密被毛，叶背面疏被毛，掌状4~5 浅裂，叶缘紫红色。成叶深绿色，叶背面绿色带浅紫色，椭圆形，长约 7cm，宽约 3.3cm，不裂，纸质，光滑无毛，侧脉 4 对；叶柄绿色略带紫色，长约 3cm，疏被毛；叶基偏斜，叶尖长渐尖；叶缘平整，单锯齿圆钝，稀疏。

开花量较大，花期 4月上中旬；伞形花序，有花 4~6 朵。花蕾玫红色，单瓣花紫红色，具香味，花冠直径约 3.3cm；花瓣 5，近圆形，边缘外翻，先端圆钝。花梗紫红色，长约3.4cm，下垂，密被毛。花丝玫红色，花药黄色，雄蕊约 15；花柱 4，紫红色，密被毛，与雄蕊近等高或略高于雄蕊。萼片与萼筒均为紫红色，均密被毛；萼片披针形，长于萼筒或与萼筒近等长。果量中等；果实亮红色，扁球形，纵径约 1.11cm，横径约 1.45cm；果梗亮红色，长约 3.17cm，被毛，直立；萼片脱落。

64 紫王子
Malus 'Purple Price'

　　小乔木，树高 3~4m，树形直立紧凑，树冠呈倒卵形。枝条斜出，无刺状短枝，枝条密度中等；新枝紫红色，老枝紫棕色；树皮紫棕色。幼叶棕褐色，密被毛，不裂，叶缘紫红色。成叶深绿色，椭圆形，长约 9.5cm，宽约 4cm，不裂，纸质，光滑无毛，侧脉 4~5 对；叶柄绿色略带紫色，长约 3cm，中被毛；叶基平截，叶尖长渐尖；叶缘平整，单锯齿尖锐，密集。

　　花量中等，花期 3 月下旬至 4 月上旬；伞形花序，有花 5~7 朵。花蕾大红色，单瓣花紫红色，无香味，花冠直径约 3.6cm；花瓣 5，倒卵形，边缘内卷，先端圆钝。花梗紫红色，长约 3.4cm，直立，密

被毛。花丝紫红色，花药姜黄色，雄蕊约 22；花柱 6，紫红色，疏被毛，略矮于雄蕊。萼片紫红色，萼筒暗紫红色，均密被毛；萼片三角状卵形至披针形，与萼筒近等长。果量中等，果期 6~10 月；果实暗红色，果实较小，椭圆形，纵径约 1.09cm，横径约 1cm；果梗紫红色，长约 3.2cm，光滑，下垂；萼片宿存。

65 约翰唐尼

Malus 'John Downie'

（别名：多尼约翰、约翰东）

小乔木，树高 4~6m，冠幅 3~4m，树形直立，树冠呈圆锥形。枝条直立，具刺状短枝，枝条密度中等；新枝翠绿色，老枝绿色；树皮棕褐色。幼叶绿色略带紫色，密被毛，不裂，叶缘棕绿色。成叶深绿色，卵形，长约 3.3cm，宽约 2.1cm，不裂，革质，光滑无毛，侧脉 4~7 对；叶柄绿色略带紫色，长约 1.5cm，被毛；叶基偏斜，叶尖渐尖；叶缘平整，单锯齿尖锐，密集。

开花量较大，花期 4 月上中旬；伞形花序，有花 4~6 朵。花蕾大红色，单瓣花淡紫红色偏粉，具香味，花冠直径约 3.3cm；花瓣 5，椭圆形，边缘平展，先端圆钝。花梗紫红色，长约 3cm，直立，密被毛。花丝粉白色，花药黄色，雄蕊约 21；花柱 5，淡紫色，密被毛，矮于雄蕊。萼片紫红色带绿色，萼筒紫红色，均密被毛；萼片长三角状卵形，长于萼筒。果量小，果期 6~9 月；果实紫红色，卵圆形，纵径约 2.43cm，横径约 2.62cm；果梗紫红色，长约 2.2cm，被毛，下垂；萼片宿存。

66 鲁道夫

Malus 'Rudolph'

　　小乔木或大灌木，树高 1.8~3m，最高可达 5~6m，冠幅可达 4~5m，树形直立挺拔，树冠开阔，呈倒卵形。枝条斜出，无刺状短枝，枝条稀疏；新枝紫红色，老枝棕褐色；树皮棕褐色。幼叶紫红色，光滑无毛，不裂，叶缘鲜绿色。成叶深绿色，卵形，长约 6.5cm，宽约 4.5cm，不裂，革质，光滑无毛，侧脉 4~5 对；叶柄绿色略带紫色，长约 3cm，中被毛；叶基偏斜，叶尖渐尖；叶缘波浪形，混合锯齿圆钝，密集。

开花量大，花朵繁茂，花期3月末至4月上旬；伞形花序，有花3~5朵。花蕾玫红色，单瓣花淡紫红色，具香味，花冠直径约3.8cm；花瓣5，椭圆形，边缘内卷，先端圆钝。花梗绿色带紫红色，长约3cm，下垂，疏被毛。花丝粉红色，花药淡黄色，雄蕊约15；花柱3，紫红色，疏被毛，与雄蕊近等高。萼片与萼筒均暗紫红色；萼片疏被毛，萼筒光滑无毛；萼片披针形，长于萼筒。果量小，秋季脱落；果实紫红色，卵圆形，纵径约1.91m，横径约1.52cm；果梗紫红色，长约2.5cm，光滑，直立；萼片脱落。

67 紫雨滴 *Malus* 'Royal Raindrop'

小乔木，树高约 2.2m，树形直立。枝条直立斜出，无刺状短枝，枝条密度中等；新枝紫红色，老枝红棕色；树皮棕褐色。幼叶紫红色，光滑无毛，掌状 5 浅裂，叶缘紫红色。成叶绿色，卵状椭圆形，长约 6cm，宽约 2.5cm，全缘或掌状 1~3 浅裂，纸质，光滑无毛，侧脉 4~5 对；叶柄绿色略带紫色，长约 2cm，疏被毛；叶基钝形，叶尖渐尖；叶缘平整，重锯齿尖锐，密集。

花量较大，4 月中下旬盛花；伞形花序，有花 5~6 朵。花蕾大红色。花单瓣紫红色，具香气，花冠直径约 3.4cm；花瓣 5，倒卵形，平展，先端圆钝。花梗紫红色，长约 3.2cm，直立，疏被毛。花丝紫红色，花药红褐色，雄蕊约 15；花柱 4，紫色，疏被毛，与雄蕊近等高或略高于雄蕊。萼片绿色尖带红色，萼筒紫红色，均密被毛；萼片披针形至长三角状卵形，与萼筒近等长或略长于萼筒。果量中等，果期 7~11 月；果实紫色至深红色，卵圆形，纵径约 1.58cm，横径约 1.28cm；果梗暗红色，长约 3.2cm，光滑无毛，直立或下垂；萼片脱落。

68 红巴伦

Malus 'Red Baron'

乔木，树高 2~2.5m，最高可达 7m，树形直立紧凑，树冠呈倒卵形。枝条直立，有刺状短枝，枝条密度中等；新枝紫红色，老枝红棕色；树皮灰绿色。幼叶紫红色，密被毛，不裂，叶缘紫红色。成叶深绿色，椭圆形，长约 5.4cm，宽约 3.2cm，不裂，纸质，疏被毛，侧脉 3 对；叶柄绿色略带紫色，长约 3.3cm，中被毛；叶基楔形，叶尖渐尖；叶缘波浪形，单锯齿圆钝，密集。

花量中等，花期 4 月中旬，不足 10 天；伞形花序，有花 5~6 朵。花蕾大红色，单瓣花紫红色偏粉色，具香味，花冠直径约 3.6cm；花瓣 5，近圆形，边缘平展，先端圆钝。花梗紫红色，长约 2.7cm，部分下垂，密被毛。花丝紫红色，花药黄色，雄蕊约 18；花柱 4（5），紫红色，密被毛，高于雄蕊。萼片紫红色，萼筒红褐色，均密被毛；萼片三角状卵形，长于萼筒。果量很小，果期 6~8 月；果实亮橘黄色，不规则卵圆形，纵径约 1.86m，横径约 1.53cm；果梗橘黄色，长约 2.9cm，光滑，下垂；萼片脱落。

69 雷霆之子 *Malus* 'Thunderchild'

乔木，树高约 2.5m，树形直立向上，树姿挺拔，树冠呈倒卵形。枝条直立，无刺状短枝，枝条密度中等；新枝紫褐色，老枝棕褐色；树皮紫灰色。幼叶紫红色，光滑无毛，不裂，叶缘鲜绿色。成叶深绿色，卵形，长约 5cm，宽约 2.7cm，不裂，革质，光滑无毛，侧脉 4 对；叶柄深绿色，长约 1.7cm，疏被毛；叶基楔形，叶尖渐尖；叶缘波浪形，重锯齿圆钝，密集。

　　花量中等，花期 4 月上旬；伞形花序，有花 4~5 朵。花蕾大红色，单瓣花紫红色偏粉色，具香味，花冠直径约 3.8cm；花瓣 5，卵圆形，边缘平展，先端圆钝。花梗紫红色，长约 3.1cm，直立，密被毛。花丝紫红色，花药姜黄色，雄蕊约 18；花柱 5，紫红色，密被毛，与雄蕊近等高。萼片红褐色，萼筒紫红色，均密被毛；萼片披针形，长于萼筒。果量很小，果期 6~8 月；果实暗紫红色，扁圆形，纵径 1.32m，横径约 1.64 cm；果梗暗紫红色，长约 2.6cm，被毛，下垂；萼片脱落。

70 百夫长 *Malus* 'Centurion

　　乔木，树高约1.6m，树形直立紧凑，树冠近似圆柱形。枝条近水平斜出，无刺状短枝，枝条稀疏；新枝紫红色，老枝红棕色；树皮紫棕色。幼叶棕褐色，密被毛，不裂，叶缘棕褐色。成叶深绿色，椭圆形，长约6.4cm，宽约3.5cm，不裂，纸质，疏被毛，侧脉明显3~5对；叶柄绿色略带紫色，长约2.5cm，疏被毛；叶基平截，叶尖渐尖；叶缘波浪形，单锯齿圆钝，密集。

　　开花量较大，花期4月上中旬；伞形花序，有花5~6朵。花蕾大红色，单瓣花淡紫红色，具香味，花冠直径约3.4cm；花瓣5，椭圆形，边缘平展，先端圆钝。花梗紫红色，长约1.9cm，直立，疏被毛。花丝淡紫色，花药黄色，雄蕊约19；花柱4，黄绿色，密被毛，矮于雄蕊。萼片红褐色，密被毛；萼筒暗紫红色，疏被毛；萼片长三角状卵形，长于萼筒。果量较小，果期6~9月；果实亮红色，卵圆形，纵径约1.84m，横径约1.63cm；果梗亮红色，长约3.2cm，光滑无毛，部分下垂；萼片脱落。

71 爱丽

Malus 'Eleyi'

（别名：紫果紫叶海棠、埃雷）

乔木或大灌木，树高 5~6m，冠幅 3~5m，树形直立开展，树冠扁平圆形或近似伞形。枝条不对称直立，有刺状短枝，枝条密集；新枝紫红色，老枝红褐色；树皮紫褐色。幼叶紫红色，中被毛，不裂，叶缘紫红色。成叶深绿色，椭圆形，长约 5.3cm，宽约 3.4cm，不裂，纸质，疏被毛，侧脉明显 3 对；叶柄绿色略带紫色，长约 2cm，疏被毛；叶基楔形，叶尖长渐尖；叶缘波浪形，混合锯齿尖锐，密集。

开花量大，花期 3 月末至 4 月中旬；伞形花序，有花 3~5 朵。花蕾玫红色，单瓣花紫红色，具香味，花冠直径约 3.7cm；花瓣 5，椭圆形，边缘褶皱，先端圆钝。花梗紫红色，长约 2.1cm，直立，密被毛。花丝粉红色，花药淡黄色，雄蕊约 19；花柱 5，黄绿色，光滑无毛，与雄蕊等高或稍矮于雄蕊。萼片红褐色，萼筒深绿色，均密被毛；萼片三角状卵形，与萼筒近等长。果量少，果期 7~10 月；果实暗红色，近似圆球形，纵径约 1.00cm，横径约 1.11cm；果梗暗红色，长约 3.1cm，光滑无毛，下垂；萼片脱落。

第二节 半重瓣品种群

皇家

Malus 'Royalty'

（别名：王国、高贵海棠、王族）

小乔木或大灌木，树高约 4.5m，冠幅 4~5m；树形直立，树冠半球形。枝条斜出，无刺状短枝，枝条密度中等；新枝青铜绿色，老枝红色，无毛；树皮红褐色。幼叶紫红色，光滑无毛，不裂，叶缘紫红色。成叶暗紫红色，不裂，卵形，长约 7.5cm，宽约 4.2cm，纸质，光滑无毛，侧脉 3 对；叶柄绿色略带紫色，长约 2.1cm，无毛；叶基楔形，叶尖渐尖；叶缘波浪形，重锯齿圆钝，密集。

开花量中等，花期4月上中旬；伞形花序，有花4~6朵。花蕾暗紫色，单瓣花（部分花朵半重瓣）暗紫红色，无香味，花冠直径约3.75cm；花瓣5~11，近圆形，边缘内卷，先端圆钝。花梗黑紫色，长约3cm，密被毛，直立。花丝紫红色，花药淡黄色，先端尾状尖，雄蕊约20；花柱4，紫红色，被毛，和雄蕊近等高。萼片紫红色，萼筒暗紫色，均被毛；萼片披针形，长于萼筒。果量少，果期6~10月；果实紫红色，倒卵形，果面平滑，纵径约1.32cm，横径约1.46cm；果梗紫红色，长约3.5cm，下垂；萼片平展，宿存。

珊瑚礁

Malus 'Coralburst'

小乔木，高 2~3m；树形圆而紧凑。枝条斜出，无刺状短枝，枝条稀疏；幼枝和老枝均为棕褐色；树皮灰白色。幼叶棕褐色，不裂，密被毛，叶缘棕褐色。成叶深绿色，长椭圆形，长约 4.5cm，宽约 1.5cm，不裂，革质，密被毛，侧脉 2 对；叶柄绿色，长约 0.8cm，疏被毛；叶基楔形，叶尖长渐尖；叶缘平整，单锯齿尖锐，密集。

花量中等；花期 4 月中旬；伞形花序，有花 4~6 朵。花蕾玫红色，半重瓣花粉红色，有清淡香味，花冠直径 2.1~2.3cm；花瓣 7~10，倒卵形，边缘褶皱，先端圆钝。花梗绿色，长约 1.8cm，密被毛，直立或下垂。花药淡黄，花丝白色，雄蕊约 11；花柱 3，黄色，高于雄蕊。萼片与萼筒均为紫红色；萼片长三角状卵形，先端尖，密被毛；萼筒中被毛；萼片与萼筒近等长。果量大，果期 6 月至 9 月中旬；果实橙色，较小，圆球形，径约 1.01cm；果梗红色，长约 1.5cm，光滑，下垂；萼片脱落。

第三节 重瓣品种群

凯尔斯

Malus 'Kelsey'

（别名：凯儿斯、凯尔西）

　　小乔木，树高 5~7m，冠幅约 4m；树姿半开展，树冠开放圆形。枝条斜出，无刺状短枝，枝条稀疏，幼枝暗红色，老枝红褐色，密被毛；树皮深褐红色，横皮孔数量多。幼叶紫红色，不裂，卵圆形，叶表和叶背均中脉有毛，叶缘紫红色。成叶深绿色，卵圆形，长约 5.8cm，宽约 4 cm，不裂，疏被毛，侧脉 4 对；叶柄绿色略带紫色，长约 2.1 cm，疏被毛；叶基宽楔形至圆形，叶尖渐尖；叶缘平整，单锯齿尖锐，密集。

整株开花繁密，花期4月上中旬；伞形花序，有花7~8朵。花蕾紫红色，重瓣花粉红色，无香味，花冠直径约4cm；花瓣均数13，椭圆形，边缘褶皱，先端圆钝。花梗暗紫红色，长约2cm，光滑，直立或下垂。花药黄褐色，花丝粉白色，雄蕊约37；花柱6（5~8），黄绿色，稍高于雄蕊。萼片与萼筒均为紫红色；萼片长三角状卵形，先端尖，有毛；萼筒光滑；萼片长于萼筒。果量大，果期6月至9月中旬；果实暗紫红色，表面有蜡霜，果球形，纵径约1.71cm，横径约1.84cm；果梗长约3.9cm，光滑无毛，直立或下垂；萼片部分宿存。

② 布兰迪维因

Malus 'Brandywine'
（别名：白兰地）

　　小乔木，树高约 6m；树形直立开展，树冠呈半球形。枝条斜出，无刺状短枝，枝条密度中等；新枝红棕色，老枝灰白色；树皮灰白色。幼叶紫红色，密被毛，掌状 7 浅裂，叶缘紫红色。成叶深绿色，卵形，长约 7.5cm，宽约 5.2cm，掌状 3~5 浅裂，革质，叶表面光滑无毛，叶背面疏被毛，侧脉 3 对；叶柄绿色略带紫色，长约 2cm，

被毛；叶基楔形，叶尖渐尖；叶缘波浪形，单锯齿尖锐，密集。

　　开花量小，花期4月上中旬；伞形花序，有花4朵。花蕾深玫瑰红色，重瓣花粉红色，具香味，花冠直径约3.6cm；花瓣12~15，近圆形，边缘褶皱，先端圆钝。花梗紫红色，长约2.8cm，被毛，直立。花丝粉红色，花药紫黄色，雄蕊约19；花柱5，紫红色，与雄蕊等高。萼片与萼筒均为绿色，均密被毛；萼片三角状卵形，长于萼筒。果量少，果期6~10月，落果早；果实黄绿色，扁球形，纵径约1.46cm，横径约1.69cm；果梗红色，长约2.4cm，下垂，光滑；萼片脱落。

克莱姆巴切特 *Malus* 'Klehm´s Improved Bechtel' （别名：克莱姆）

乔木，树高可达6m；树形瓶状。枝条斜出，无刺状短枝，枝条稀疏；新枝红棕色，老枝灰白色；树皮棕褐色。幼叶鲜绿色，被毛，掌状3浅裂，叶缘鲜绿色。成叶浅绿色，宽椭圆形，长约5cm，宽约4.5cm，不裂或掌状3浅裂，纸质，光滑，侧脉4对；叶柄绿色，长约2cm，被毛；叶基楔形，叶尖渐尖；叶缘波浪形，重锯齿圆钝，稀疏。

开花量小，花期3月下旬至4月中旬；伞形花序，有花

4~6朵。花蕾紫红色，花重瓣花粉红色，花冠直径约3cm；花瓣12~18，椭圆形，边缘平展，先端圆钝。花梗绿色，长约2.7cm，被毛，直立。花丝粉红色，花药黄色，雄蕊约20；花柱3（4），粉红色，高于雄蕊。萼片与萼筒均为绿色，均密被毛；萼片三角状卵形，长于萼筒。果量少，果期6~8月；果实黄绿色带红色，扁球形，较小，纵径约0.98cm，横径约1.12cm；果梗紫红色，长约1.8cm，下垂，光滑；萼片脱落。

4 高原玫瑰 *Malus* 'Prairie Rose'

小乔木，树高 1.5~2m，树形直立向上，树冠呈倒卵形；枝条斜出，无刺状短枝，枝条密度中等；幼枝黄绿色，老枝深黄绿色；树皮黄褐色，具横向圆形皮孔。幼叶鲜绿色，掌状 6 浅裂，密被毛，叶缘鲜绿色。成叶深绿色，长椭圆形，长约 6.7cm，宽约 2.8cm，纸质，掌状 1~3 浅裂，叶表面疏被毛，侧脉 4 对；叶柄绿色，长约 3cm，被毛。叶基楔形，叶尖急尖；叶缘波浪形，混合锯齿圆钝，稀疏。

开花量小，花期 4 月中上旬；伞形花序，有花 5 朵。花蕾枚红色，重瓣花粉红色，无香味，花冠直径约 3.6cm；花瓣 15~17，椭圆形至圆形，边缘平展，先端圆钝。花梗绿色，长约 2.1cm，被毛，下垂。花丝白色，花药黄色，雄蕊约 20；花柱 5，黄绿色，与雄蕊近等高。萼片与萼筒均为绿色，均密被毛；萼片三角状卵形，长于萼筒。果量很小，果期 6~8 月；果实黄色，扁球形，纵径约 1.47cm，横径约 1.82cm；果梗黄色，长约 3.1cm，下垂；萼片脱落。

5 希利尔

Malus 'Hillier'

（别名：希尔）

　　大灌木或小乔木，树高 5~7m，冠幅 4~7m，树冠开展，呈广圆形；主枝粗壮、开展，侧枝细长，枝条直立，无刺状短枝，枝条密集；幼枝红棕色，老枝棕褐色，密被毛；树皮灰白色。幼叶绿色，掌状 3 浅裂，被毛，叶缘鲜绿色。成叶深绿色，长椭圆形，长约 7.5cm，宽约 4.5cm，掌状 1~2 浅裂，纸质，光滑无毛，侧脉 4 对；叶柄绿色，长约 2cm，疏被毛。叶基楔形，叶尖长渐尖；叶缘平整，混合锯齿尖锐，密集。

　　花量中等，花期4月上中旬；伞形花序，有花4~7朵。花蕾玫红色，重瓣花粉红色，无香味，花冠直径约3.2cm；花瓣9~15，近圆形，边缘褶皱，先端圆钝。花梗一侧红一侧绿，长约3.3cm，被毛，直立。花药淡黄色，花丝白色，雄蕊约29；花柱5，淡绿色，稍矮于雄蕊。萼片与萼筒均为紫红色，均被毛；萼片三角状卵形，与萼筒等长。果量小，果实经冬不落；果实黄绿色至红色、棕色、近球形，纵径约1.98cm，横径约1.67cm；果梗红色，长约2.7cm，直立或下垂；萼片直立，宿存。

芭蕾舞

Malus 'Ballet'

小乔木，树高 4.5~6m，树形直立紧凑，树冠呈倒三角形；枝条直立，短枝明显，枝条密度中等；幼枝棕绿色，老枝灰白色；树皮灰褐色，具横向圆形皮孔。幼叶鲜绿色，光滑无毛，不裂，叶缘鲜绿色。成叶深绿色，长椭圆形，长约 7.5cm，宽约 5cm，革质，不裂，光滑无毛，侧脉 4~6 对；叶柄绿色，长约 2cm，被毛；叶基平截，叶尖渐尖；叶缘平整，单锯齿圆钝，密集。

开花量中等，花期 3 月下旬至 4 月上旬；伞形花序，有花 5 朵。花蕾大红色，重瓣花粉红色，具香气，花冠直径约 4cm；花瓣 14~15，倒卵形，边缘内卷，先端圆钝。花梗紫红，长约 2cm，密被毛，下垂。花丝白色，花药黄色，雄蕊约 24；花柱 5，淡黄色，高于雄蕊。萼片紫红色，被毛；萼筒暗紫红色，密被毛；萼片长三角状卵形，长于萼筒。果量中等，果期 5~7 月；果实橙红色，球形，径约 1.58cm；果梗橙红色，下垂，长约 1.5cm；萼片宿存。

7 芙蓉

Malus × *micromalus* 'Furong'

小乔木，树高约 2.5m，枝条开展，树冠呈倒锥形；枝条直立，无刺状短枝，枝条密度中等；幼枝红褐色，老枝棕褐色；树皮紫棕色。幼叶鲜绿色，光滑无毛，不裂，叶缘鲜绿色。成叶绿色，长椭圆形，长约 7.5cm，宽约 3.5cm，纸质，不裂，光滑无毛，侧脉 4~6 对；叶柄绿色，长约 1.5cm，疏被毛；叶基楔形，叶尖渐尖；叶缘波浪形，单锯齿尖锐，稀疏。

开花量中等，花期 3 月下旬至 4 月上旬；伞形花序，有花 5~6 朵。花蕾玫红色，重瓣花粉红色，具香气，花冠直径约 5.5cm；花瓣 13~15，倒卵形，边缘内卷且皱缩，先端圆钝。花梗紫红色，长

约 3.4cm，密被毛，直立。花丝白色，花药淡黄色，雄蕊 20~25；花柱 4（5），淡黄色，矮于雄蕊。萼片与萼筒均为紫红色，均密被毛，萼片三角状卵形，短于萼筒。果量中等，果期 7~9 月；果实橘黄色，圆球形，径约 1.52cm；果梗黄色，长约 1.5cm，下垂，无毛；萼片脱落。

第四章

观赏海棠园林应用

第一节 观赏海棠园林美学价值

　　海棠花品种多样、色彩丰富、品质高雅，不仅外观美丽，还蕴含着丰富的文化底蕴，自古以来一直被视为雅俗共赏的名花。观赏海棠，我们不仅可以欣赏其绚丽的花朵和多彩的果实，还可以欣赏其叶片的独特之美和枝条的优雅姿态。不同品种的观赏海棠拥有独特的风格和特点，具有较高的园林美学价值。

　　在皇家园林中，海棠常与玉兰、牡丹、桂花等其他名花搭配种植，寓意"玉堂富贵"。自汉代开始，海棠就被广泛应用于园林景观的建设，并逐渐受到人们的重视。到了唐代，海棠更是被大量种植于宫苑，被誉为"花中神仙"。宋代时，海棠的园林应用达到了

鼎盛时期，各大寺庙园林都会种植海棠，被视为"花之最尊"，并广为文人墨客题咏。明清时期，海棠在花园、道路、庭院、寺庙等场所得到广泛应用，如苏州拙政园"海棠春坞"庭院内植有两株垂丝海棠，花开烂漫，环境幽静。

而在现代园林中，海棠的栽植形式更加丰富多样。我们常常可以在人行道、亭台、丛林边缘、水滨池畔等场所看到海棠的身影。同时，随着观赏海棠品种的不断创新，海棠为园林景观增添了丰富多彩的元素，成为现代园林景观中不可或缺的重要元素之一。

第二节 观赏海棠配置形式

观赏海棠具有优美的树姿、多样的树冠、多彩的花朵、极强的适应性，可为人们带来美的享受和心灵的愉悦，并且具有强大的抗性和吸附能力，能够吸附空气中多种有害气体和粉尘，是园林美化和净化的优良树种。常见的观赏海棠配置形式有孤植、对植、群植，同时还可以用作绿篱、花墙、水景点缀、景观配置等，也可以进行造型修剪，或用作盆景。此外，可以根据不同的场地、需求和设计目标进行灵活组合，创造出丰富多样、美轮美奂的园林景观。

一、孤　植

孤植是将观赏海棠布置在园林绿地中重要的位置，如广场中心、交叉口、坡路转角等位置，在选址时，需要选择开阔的区域，确保观赏海棠有足够的空间展示其树姿、树冠和叶色的丰富变化。

孤植观赏海棠是一种独特的配置形式，旨在突出其个体之美，使其成为园林景观的独特亮点，具有较好的观赏效果。

孤植时品种的选择至关重要。一般而言，应选择株形高大、树冠开展、树姿优美、叶色丰富、开花繁茂、香味浓郁的观赏海棠品种，以带来更多的视觉和感官体验。

为了突出孤植观赏海棠的特色，可以将天空、水面、草地等颜色单纯但变化丰富的景物作为背景。天空的蓝色、水面的清澈和草地的绿色能够衬托孤植观赏海棠在形体、姿态、色彩方面的特色。

孤植具有引导视线或者形成景观中心视点的重要作用，并可增加景观的层次感与美感。

二、对　植

对植是将数量相等的相同品种观赏海棠分别栽植在构图轴线的两侧，是观赏海棠常见的园林配置方式之一，旨在通过互相呼应的效果来突出中心景观的重要性。这种配置方式能够创造出平衡和谐的景观画面，增强整体的美感和视觉冲击力。

对植观赏海棠应选择树形整齐优美、花色一致且生长较慢的品种，以保持长期的美观，避免植物生长过快导致不协调的情况。同时，观赏海棠的姿态、体量和色彩也应与景点的思想主题相吻合，与整体园林氛围相协调，确保观赏海棠在景观中的融合与衬托。

常见的对植方式包括：

（1）两株对植：将两株观赏海棠分别栽植在轴线两侧，形成对称的效果，强调轴线的延伸和平衡。

（2）列植：将多株观赏海棠沿着轴线排列，形成一列，增加轴线的纵深感和视觉引导效果。

（3）行道式：将观赏海棠种植在行道两侧，形成花廊或花道，让人们在漫步时感受到花的美丽和芬芳。

（4）规则式对植：将多株观赏海棠按照规则形状排列，如圆形、椭圆形等，强调规律性和整齐感。

（5）自然式对植：将观赏海棠根据自然生长的趋势和形态进行对植，使其呈现出自然的景观效果。

这些对植方式常用于自然式园林入口、桥头、假山磴道、园中园入口两侧等位置，能够充分发挥观赏海棠的衬托作用，为整个园林景观增添魅力，同时也不会过于夺取中心景观的主导地位。通过精心的对植设计，观赏海棠能够与周围的景观元素相得益彰，形成和谐统一的园林画面。

三、群　植

群植是将较大面积的多株观赏海棠或将观赏海棠与其他多种花木混合栽植，创造出错落有致的立面构图和丰富的景观空间层次感，成为园林景观中的焦点，增加景观的多样性、丰富性和生动性。

群植时，一般选择树冠姿态丰富的品种，以使整个树群的天际线呈现出丰富的变化，增加景观的层次感和动感。同时，可与其他多种花木混合群植，但需要注意植物的高低层次和开花时间，亚乔木层宜选用开花繁茂的树种，灌木宜以花木为主，地被草本植物应以多年生宿根花卉为主，这样能够使植物群在不同季节都有美丽的景观效果，即增加景观的可持续性。在群植搭配时，需要综合考虑群植植物的习性、季相、色泽和树形等因素，确保各种植物相互协调，形成和谐统一的稳定植物群落组合。

为了营造自然的园林景观，群植需要有足够开阔的场地，如大草坪、林中空地、水滨、山坡等位置，也可以与山石、水景、建筑等元素配合造景。在群植时，需要遵循生态学规律与生物特性合理栽种，避免成行、成排和等距的呆板排列，以免失去景观的生动性和自然感。

通过精心的群植设计，观赏海棠和其他植物能够相互辉映，营造出丰富多彩、自然优美的园林景观。

四、形状修剪

利用观赏海棠耐修剪及适应性强的生长习性进行形状修剪和造型是一项富有创意和艺术性的园林技术。观赏海棠的生长特点使得它们在修剪和造型方面具有较高的可塑性，园林设计师可以充分发挥想象力，打造出独特的树形和造型，为园林景观增添个性和特色。常见的观赏海棠修剪形状有以下几种：

（1）球形：通过频繁的顶部修剪，将观赏海棠的树冠修剪成球形。这样的树形不仅美观，还具有可爱和俏皮的感觉，适合用于花坛、庭院等地方，为景观增添一抹明亮色彩。

（2）锥形：通过修剪使观赏海棠的树冠形成锥形，树冠逐渐向上收拢，如同一座树塔。这样的树形可以用来点缀景观，形成独特的视觉焦点，增加景观的层次感和垂直感。

（3）蘑菇形：将观赏海棠的树冠修剪成蘑菇形状，即树冠较大且宽阔，底部收拢，形成蘑菇盖的形态。这样的树形可以营造出浪漫和神秘的氛围，适用于庭院、花坛、私家园林等地方，为人们带来一份诗意和宁静。

（4）罩形：将观赏海棠的树冠修剪成罩状，即树冠自然下垂，形成一个优美的观赏帷幕。这样的树形可以用来遮蔽不美观的建筑物或景观，为园林增加隐蔽性和柔美感。

（5）屏风形：根据观赏海棠的耐修剪性，将观赏海棠逐步修剪形成一个像屏风一样的形状。如果植株的枝条过长，可以将其适当剪短，以维持屏风形的紧凑形态。在修剪时要注意保持整体的平衡，避免修剪过多导致不均匀的外观。这种形态非常适合种植在花坛、庭院或小型花园中，也可以盆栽养护观赏。

除了以上形状，观赏海棠还可以通过修剪和雕塑创造出各种独具特色的艺术造型，如心形、螺旋形、蝴蝶形等，以及将不同品种的观赏海棠进行组合，形成多彩的植物组合。

形状修剪和雕塑不仅能够增加观赏海棠的艺术性，还可以使其在不同季节或时间呈现出不同的面貌，为园林景观增添变化和惊喜。这种创意性的园林配置方式能够吸引游客的目光，为人们带来愉悦的感受，使园林成为一个充满生机和活力的艺术空间。

五、绿　篱

利用观赏海棠的灌木状特性，选择耐修剪的灌木品种，将其种植成绿篱是一种常见且有实用价值的园林配置方式。观赏海棠的灌木状特性使其适合形成密实的绿篱，可以实现以下功能：

（1）园林分区：观赏海棠绿篱可以用来划分园林中不同功能区域，如花园、草坪、休闲区等。绿篱不仅可以起到美化和装饰的作用，还能增加园林的层次感和空间感，使整个园林布局更加清晰有序。

（2）屏风功能：观赏海棠绿篱可以用来遮挡视线，形成屏风的效果。它可以在园林中起到隔离和保护隐私的作用，为人们提供一个私密舒适的休憩空间，同时也为园林增添了一份神秘感和浪漫氛围。

（3）环境改善：观赏海棠具有较好的抗性和吸附能力，种植成绿篱后，可以更有效吸附空气中的有害气体和粉尘，起到净化空气和改善环境的作用。在城市环境中，观赏海棠绿篱可以降低噪音、减少灰尘，为周围居民带来更舒适的居住环境。

（4）美化园林：观赏海棠绿篱以其丰富多彩的花朵和叶色，为园林增添了生动的色彩，使整个园林更加鲜活美丽。不同品种的观赏海棠可以组合在一起，形成丰富多样的绿篱效果，为园林带来更多的视觉享受。

利用观赏海棠的灌木状特性，将其种植成绿篱在园林设计中是一种灵活多样且实用的配置方式。它既能满足园林分区、屏风等功能需求，又能为园林增添美丽景观和改善环境，使整个园林空间更加丰富多样，成为人们休闲、欣赏和放松的理想场所。在园林规划和设计中，合理应用观赏海棠绿篱，可以营造出更加和谐、舒适和多样化的园林景观。

六、花 墙

观赏海棠花墙是指将花朵丰盛且耐修剪的观赏海棠品种修剪成垂直墙面状的形态或将开花小灌木品种垂直种植在墙面上的配置方式，形成生动、立体且色彩丰富的园林景观，为整个园林增添生机和活力。在园林设计中，观赏海棠花墙常常用于边界、庭院或庭园的边缘，也可以用于立面装饰和公共空间的美化。观赏海棠花墙的

种植材料可以根据季节变化而更换，使园林在不同季节都保持鲜花盛开，形成多彩的景观。除了美观的作用，观赏海棠花墙还可以提供一定的遮挡功能，形成私密空间或者改善环境。同时，花墙种植的植物还可以吸收空气中的污染物，为小动物提供栖息地，增加生态效益。

利用观赏海棠的繁密枝叶和丰盛花朵，将其修剪成花墙的形状是一种既美观又实用的园林配置方式。花墙为园林增添了生机和活力，为人们创造了一个充满美感和艺术氛围的欣赏空间。同时，花墙也扮演着分隔空间、提供私密性和保护生态环境的重要角色，使园林成为一个和谐、舒适、有趣的自然空间。

七、水景点缀

将观赏海棠点缀在湖畔、池塘旁，是一种灵动而迷人的园林配置方式。这种组合可以利用水景的映衬和反射作用，充分发挥观赏海棠的美感，进一步增加景观的魅力，营造出令人陶醉的自然画卷。

（1）水景的映衬：将观赏海棠种植在湖畔或池塘旁，当其花朵绽放时，可以借助水面的映衬，使观赏海棠景观效果翻倍。花影倒映在水中，形成绚丽的水景画面，给人们带来视觉上的双重享受。

（2）水景的反射：观赏海棠在水面上形成倒影，增加了景观的层次感和视觉深度。观赏海棠的色彩和树形在水中得到镜像，使整个景观呈现出更加丰富和立体的效果。

（3）花瓣漂浮：观赏海棠的花瓣轻轻飘落在水面上，如同一幅水上漂浮的画卷。这种情景营造出一种诗意和浪漫的氛围，给观赏海棠园林景观增添一份宁静和清幽。

（4）生态和谐：观赏海棠与水景的结合不仅增加了景观的美感，同时也促进了园林的生态和谐。水景提供了良好的湿润环境，有利于观赏海棠的生长。

（5）四季变化：观赏海棠与水景的组合使得景观在四季变化中呈现出不同的风貌。春季的花朵绽放，夏季的树冠繁茂，秋季的叶色变幻，冬季的裸露枝干，四季交替间，观赏海棠和水景共同构成了一幅自然的四季画卷。

将观赏海棠与水景相融合，可以创造出独特且具有艺术感的景观效果。这种结合不仅能使观赏海棠得到更好的展示，还为人们创造了一个宜人的休憩空间，让人们在自然中感受美和内心的宁静。观赏海棠和水景的完美结合，使观赏海棠园林景观更具魅力与灵动。

八、景观配置

将观赏海棠与其他园林元素相结合，如假山、亭台、花坛、草坪等，是一种综合运用景观要素的园林设计手法，能够创造出和谐统一、富有变化和层次感的景观画面。通过这种结合，可以打造出丰富多样的园林景观，为人们提供一个美丽宜人的自然空间。

（1）与假山的结合：将观赏海棠巧妙地植于假山的周围或山石之间，以其丰盛的花朵和繁密的枝叶装点假山的石缝和山体，为假山增添色彩和生机。观赏海棠的绿叶和花朵与假山的岩石构成肌理对比，形成一幅刚柔并济的美丽画面。

　　（2）与亭台的结合：将观赏海棠种植在亭台的附近或周围，使亭台被观赏海棠的绿意和花香所包围。观赏海棠独特的树形和树冠与亭台的建筑风格相互映衬，为亭台增色添彩，营造出宜人的休憩场所。

　　（3）与花坛的结合：将观赏海棠作为花坛的边界植物，或与其他花卉混搭种植，形成花坛的繁花盛景。观赏海棠的色彩与其他花卉的颜色相互辉映，为花坛增添层次和丰富度，打造出色彩斑斓的花海景观。

　　（4）与草坪的结合：将观赏海棠种植在草坪的边缘，使草坪与观赏海棠等其他景观元素衔接，呈现出连贯、流畅的景观画面。观赏海棠的繁密枝叶和花朵为草坪增添灵性。

　　将观赏海棠与其他园林元素相结合，可以创造出丰富多样、和谐统一的园林景观，为人们创造出优美宜人的环境，提供了一个享受自然美景和文化氛围的理想场所。这种设计手法能够充分发挥观赏海棠和各个园林要素的优势，形成景观之间的相互映衬和呼应，为园林创造出一个富有魅力和生机的环境，让人们在其中感受大自然的美妙和宁静。

第三节　观赏海棠在园林中的应用

因其较好的观赏价值，较强的抗逆性，较高的文化底蕴，观赏海棠已经成为现代园林绿化景观建设中不可多得的优良园林绿化彩化美化树种，结合其常见的景观配置形式，根据不同的场地特点和设计需求，合理应用观赏海棠，可以营造出各具特色的园林景观，为人们带来美的享受和心灵的抚慰。在园林规划和设计中，观赏海棠常被用于以下园林景观建设。

一、在道路景观中的应用

观赏海棠的树形大多直立，树冠紧凑，景观效果非常好，是绝佳的行道树树种，非常适合作为道路景观中的中层观赏树栽植，常被列植于道路两侧、草坪或隔离带中，起到遮阴滞尘、减小噪声、美化街道的作用，发挥重要景观价值和生态价值。

（1）遮阴滞尘：观赏海棠树冠的紧凑性和繁密的枝叶为行道提供了良好的遮阴效果，为行人和车辆创造了舒适的环境。同时，观赏海棠的树冠还能吸附和过滤空气中的尘土和有害物质，起到净化空气的作用。

（2）减小噪声：观赏海棠的繁茂树冠和密集叶片可以吸收和减弱交通噪音，为行人创造

一个相对安静的环境，提供一个宁静的城市避风港。

（3）美化街道：观赏海棠在道路两侧、草坪或隔离带中列植，能为街道增添自然的景观元素，其花朵丰盈、叶色丰富，为街道带来生机勃勃的氛围。

（4）层次丰富的道路景观：在栽植观赏海棠时选择叶色较深的品种，并搭配叶色较浅的高大乔木树种和花色、叶色与之反差较大的花灌木，能形成层次丰富的道路景观。这种多层次的植物配置，使道路景观更加立体且有层次感，让城市街道更加生动和富有吸引力。

通过将观赏海棠与其他植物组合，使其在道路景观中发挥最佳效果。观赏海棠的美丽和多功能性，为城市街道和公共空间增添了独特的魅力，为城市居民和游客提供美好的城市环境。

二、在公园广场中的应用

公园绿地作为城市中向公众开放的主要游憩场所，在城市绿地系统中扮演着重要角色。观赏海棠作为一种多样化、美丽的观赏树种，在公园绿化中有着广泛的应用形式。

（1）草坪孤植和搭配组合：观赏海棠可以孤植在广阔的草坪上，形成突出的观赏点，让游人在草坪上休憩时，欣赏美丽的观赏海棠。同时，观赏海棠还可以与周围的建筑、山石和喷泉等景观元素进行搭配组合，增加景观的层次和变化。

（2）大面积群植于坡地：在公园的坡地或丘陵地区，可以大面积地群植观赏海棠，形成色彩鲜艳、花朵丰盛的植物群体，为公园增添强烈的视觉冲击力和群体美。

（3）丛植形成空间感：观赏海棠几株丛植在一起，可以形成一个小小的观赏区域，营造出相对私密的休闲空间，让人们在其中享受到宁静与美丽。

（4）广场绿地点缀：广场作为城市的中心活动区域，绿色植物在其中扮演着重要的生态调节和美化作用。观赏海棠可以在广场的入口处以列植的形式种植，为广场增添鲜艳的色彩。此外，也可以采用孤植或群植的形式，在广场的绿地区域点缀观赏海棠，增加广场的景观吸引力。

（5）配合广场功能规划：将观赏海棠的种植结合广场的功能、性质和类型进行规划，可以实现生态、游憩和景观的综合效果。不同类型的广场可以选择不同品种观赏海棠，以营造出与广场氛围相符合的绿色环境。

观赏海棠作为美丽的观赏树种，在公园绿化和城市广场中有着多种应用形式。通过巧妙的组合和规划，观赏海棠可以为公园和广场带来丰富多样的景观效果，为人们创造一个美丽宜人的自然休憩空间。同时，观赏海棠的种植还能为城市绿地系统的生态维护、环境美化等发挥积极的作用。

三、在住宅小区中的应用

住宅小区园林绿化作为园林设计的一个重要类型，已成为改善城市生态环境的重要环节。随着人们物质和文化生活水平的提高，对居住环境的要求也越来越高。观赏海棠作为一种优良的园林景观树种，在庭园和小区中的应用越来越受欢迎，为居住环境增添了自然美和艺术氛围。

（1）作为中心景观树和行道树：在住宅小区绿化中，常将观赏海棠作为中心景观树或行道树。观赏海棠的优美树姿和多样的树冠形态，使其成为吸引眼球的焦点。作为中心景观树，观赏海棠在小区内营造出一个美丽、舒适的中心景观区域，为居民提供休闲和娱乐的场所。而作为行道树，观赏海棠的种植将整条街道装点得生机盎然，让行人感受到自然之美。

（2）孤植点景和搭配亭台山石：采用孤植点景的手法，将观赏海棠单独种植在庭园或小区中，形成一个独特的观赏点。观赏海棠的花朵和绿叶与周围的环境和建筑相得益彰，为景观增色添彩。此外，观赏海棠也常常搭配建筑亭台、山石喷泉等景观元素，形成一定的景观意境和艺术效果，为小区绿化增添一份美感和诗意。

（3）创造自然与人文融合的氛围：观赏海棠作为一种自然的园林景观树种，其应用可以使小区绿化更加融入自然环境，创造出一个和谐、舒适的氛围。

（4）提升小区绿化品质：观赏海棠作为一种优秀的园林树种，其种植能够提升小区绿化的品质和形象。观赏海棠的选择和搭配可以根据小区的整体风格和环境特点进行规划，以实现最佳的景观效果。

观赏海棠在住宅小区园林绿化中的应用形式丰富多样，让居民在美丽的环境中享受宜居的生活。

四、在河道景观中的应用

观赏海棠作为一种四季美化树种，其春季观花、夏季观叶、秋季观果和冬季观枝的特点使其与水体完美结合，成为滨水绿化景观中的理想选择。

（1）春季观花：观赏海棠春季开满花朵，花瓣娇嫩，如云似霞，绚丽多彩。将观赏海棠植于滨水绿化带中，与清澈的水面和碧绿的植物相映衬，构成一幅美丽的春日画卷，可吸引众多游客。

（2）夏季观叶：观赏海棠的叶片为深绿色，树冠茂盛繁密，在夏季给滨水地带带来清凉的感觉，游客可以在树荫下享受凉爽和宁静。

（3）秋季观果：观赏海棠的果实在秋季成熟，成为滨水绿化景观的亮点。果实呈红色或橘红色，如同小小的宝石挂满树枝，给滨水地带带来丰收的喜悦气氛，使游客感受到大自然的美妙变化。

（4）冬季观枝：观赏海棠的树枝在冬季也有着独特的美感，尤其是垂枝品种，裸露的树枝下垂，形成独特的景观形态，为滨水地带增添了凝重与静美。

（5）与滨水常用景观植物搭配：观赏海棠与滨水常用景观植物如杏树、碧桃等搭配栽植，不仅能丰富滨水植物的多样性，还可以形成丰富的层次和色彩，使滨水绿化景观更具魅力和吸引力。

观赏海棠的四季之美为滨水绿化景观带来了更加多样和丰富的景观形态，提升了城市绿地的生态和人文价值。

五、在庭院别墅中的应用

观赏海棠作为一种富有文化底蕴和美好寓意的园林树种，与牡丹、玉兰等搭配种植在庭院别墅等场所中，能够形成独特的园林景观，体现庭院的富贵吉祥，衬托别墅的高贵优雅。

在中国传统文化中，海棠是美好与吉祥的象征，常常作为文人墨客的情感寄托，如曹雪芹笔下的的"偷来梨蕊三分白，借得梅花一缕魂""胭脂洗出秋阶影，冰雪招来露砌魂"。将海棠、牡丹和玉兰等搭配在庭院别墅中，不仅体现了悠久的文化传承，还为庭院注入了浓厚的文化气息。这些花卉的花期也多为春季，正值春暖花开时节，为别墅庭院增添喜庆和热闹的氛围，让人们在春日赏花时尽情感受生活的美好和幸福。

在庭院别墅中，海棠常常以孤植或丛植等形式出现。孤植的海棠可以成为庭院的独特焦点，吸引人们的目光。而丛植的海棠则能够形成花坛或花墙，增添庭院的层次感和丰富性。与牡丹、玉兰等搭配种植，三者的花朵颜色和形态相得益彰，相互辉映，营造出花团锦簇的景象，让庭院充满生机和美感。

将观赏海棠与牡丹、玉兰等搭配种植在庭院别墅等场所中，不仅蕴含了文化底蕴和吉祥意义，还通过孤植和丛植等形式，彰显了庭院的富贵吉祥与高贵优雅。这样的植物组合与景观布局，为别墅庭院增添了生机与美感，营造出令人向往的宜居生活空间。

六、在生态修复景观中的应用

观赏海棠因其出色的环境适应能力和较强的净化功效，成为城市污染区域绿地和矿区绿化中重要的景观植物。

观赏海棠叶片表面有众多气孔和细毛，能够吸收空气中的污染物质。观赏海棠对环境的适应能力也较强，能够忍受一定程度的土壤贫瘠、气候恶劣和空气污染。这使得海棠成为生态修复工程中的理想树种。

七、在专类园中的应用

观赏海棠品种丰富，不同品种间的搭配可以使花期持续，提高观赏效果。根据不同观赏海棠品种的习性和特点进行科学规划、设计，建立海棠专类园，可以体现季节变化时色彩的多样性，取得别样的园林景观效果，同时具有保存种质资源和植物科普的作用。

在观赏海棠专类园中，可根据不同观赏海棠品种及应用方式，划分不同的区域，以创造出丰富的景观空间，提供丰富的游览体验。

（1）品种展示区：将不同品种的观赏海棠集中在一个区域内展示。在这个区域内，可设置信息牌或标识，详细介绍每个品种的特点、花色、花期等信息，供游客了解和参观。

（2）季节景观区：根据观赏海棠品种的花期和特点，将它们分别布置在园区内的不同位置，形成季节景观区。比如在春季，集中种植开花早的品种，形成一片粉红色或白色的花海；而在秋季，则集中种植果色亮丽、果实丰硕的品种，呈现硕果累累的丰收景观。

（3）传统文化区：在专类园中，将观赏海棠与其他园林元素融合在一起，打造独特的园林景观。比如结合亭台楼阁、小桥流水等园林建筑，营造出富有中国传统园林特色的景观；结合以海棠为主题的诗词和绘画，营造浓郁的书香氛围。

（4）科普教育区：通过展示观赏海棠的生长习性、生态特点、文化内涵等内容，向游客普及植物知识、生态知识和传统文化。科普教育区可以设置交互式展览，吸引游客参与。

此外，在观赏海棠专类园中，还可以结合地方文化和特色，创造出独特的园林景观和文化空间。

参考文献

艾尼·瓦逊（Ernie Wasson），托尼·罗德（Tony Rodd），2004. 世界园林乔灌木 [M]. 包志毅，主译. 北京：中国林业出版社.

陈恒新，2007. 山东海棠品种分类与资源利用研究 [D]. 南京：南京林业大学.

楚爱香，2009. 河南观赏海棠品种分类研究 [D]. 南京：南京林业大学.

克里斯托弗·布里克尔，2005. 世界园林植物与花卉百科全书 [M]. 杨秋生，李振宇，主译. 郑州：河南科学技术出版社.

李育农，2001. 苹果属植物种质资源研究 [M]. 北京：中国农业出版社.

杨恭毅，1984. 杨氏园艺植物大名典 [M]. 台北：中国花卉杂志社.

俞德浚，阎振茏，1974. 中国植物志 [M]. 北京：科学出版社.

张往祥，江志华，裴靓，2013. 观赏海棠花色时序动态分布格局研究 [J]. 园艺学报，40（3）：505-514.

Huckins C A，1968. Flowers and fruits keys to the ornamental crabapples cultivated in the United State [J]. Baileya，15（4）：129-164.

Rehder A，1951. Manual of cultivated trees and shrubs hardy in north America [M]. New York：Macmillan.

Rudikovskii A V，Kuznetsova E V，Potemkin O N，2014. Characteristics of formation of introduced populations of crabapples in the area around Lake Baikal[J]. Contemporary Problems of Ecology，7：97-103.

Dirr M A，1990. Manual of Woody Landscape Plants[M]. London：Stipes Publishing，LLC.

Yee W L, Klaus M W, 2013.Development of rhagoletis indifferens curran (diptera : tephritidae) in crabapple[J]. Pan-Pacific Entomologist, 89 : 18-26.

中文名索引

学名索引